环境质量自动监测系统运行管理技术丛书

水质自动监测系统运行管理 技术手册

罗 彬 张 丹 编著

U0206527

西南交通大学出版社

·成 都·

图书在版编目（ＣＩＰ）数据

水质自动监测系统运行管理技术手册 / 罗彬，张丹
编著. 一成都：西南交通大学出版社，2019.3
（环境质量自动监测系统运行管理技术丛书）
ISBN 978-7-5643-6581-3

Ⅰ.①水… Ⅱ.①罗…②张… Ⅲ.①水质监测－自
动化监测系统－运行－管理－手册 Ⅳ.①X832-62

中国版本图书馆 CIP 数据核字（2018）第 258820 号

环境质量自动监测系统运行管理技术丛书
水质自动监测系统运行管理技术手册
罗　彬　张　丹　编著

责 任 编 辑	陈　斌
封 面 设 计	墨创文化
	西南交通大学出版社
出 版 发 行	（四川省成都市二环路北一段 111 号
	西南交通大学创新大厦 21 楼）
发行部电话	028-87600564　028-87600533
邮 政 编 码	610031
网　　　址	http://www.xnjdcbs.com
印　　　刷	四川煤田地质制图印刷厂
成 品 尺 寸	170 mm × 230 mm
印　　　张	18.75
字　　　数	336 千
版　　　次	2019 年 3 月第 1 版
印　　　次	2019 年 3 月第 1 次
书　　　号	ISBN 978-7-5643-6581-3
定　　　价	72.00 元

《水质自动监测系统运行管理技术手册》

主编单位　四川省环境监测总站

参编单位　眉山市环境监测中心站

　　　　　　　泸州市环境监测中心站

　　　　　　　内江市环境监测中心站

　　　　　　　宜宾市环境监测中心站

　　　　　　　乐山市环境监测中心站

　　　　　　　攀枝花市环境监测中心站

《水质自动监测系统运行管理技术手册》
编写人员（以姓氏拼音为序）

邓国海　段　慧　范　力　季浩宇　姜茂林
刘小方　柳　强　罗　彬　罗　俊　罗晓慧
唐　毅　吴建军　肖开煌　薛京洲　颜　华
杨　渊　张　丹　曾　容　宗贵仪

前　言

实施水质自动监测，能达到及时掌握主要流域重点断面水质状况、预警流域性水污染事故、解决跨行政区域的水污染纠纷，以满足流域内水环境管理和监测预警的需要。水质自动监测系统已越来越成为我国水环境监测中的一个重要组成部分。为了更好地做好水质自动监测系统运行管理工作，四川省环境监测总站组织编写了《水质自动监测系统运行管理技术手册》。本手册内容主要包括七个部分：第一部分介绍了水质自动监测系统现状、组成及功能；第二部分介绍水质自动监测系统（采水系统、分析系统以及辅助系统等）操作规程；第三部分介绍水质自动监测系统管理（运行管理、质量控制、运行监督、子站建设与验收等）；第四部分介绍数据统计分析；第五部分介绍四川省水质自动监测系统；第六部分是数据应用与案例分析；第七部分是数据记录。

本书邀请了眉山市环境监测中心站、泸州市环境监测中心站、内江市环境监测中心站、宜宾市环境监测中心站、乐山市环境监测中心站、攀枝花市环境监测中心站参与编写，主要成员有（按姓氏拼音为序）：邓国海、段慧、范力、季浩宇、姜茂林、刘小方、柳强、罗彬、罗俊、罗晓慧、唐毅、吴建军、肖开煌、薛京洲、颜华、杨渊、张丹、曾容、宗贵仪。谨以此书献给从事水质自动监测的同行，希望能给大家的工作提供参考。由于水质自动监测系统处于快速发展过程中，限于作者的学识和水平，书中疏漏和不当之处在所难免，尚祈广大同仁批评指正。

作　者

2018 年 7 月

目 录

1 水质自动监测系统概述

1.1 地表水连续自动监测

水是宝贵的自然资源，也是人类社会的紧缺资源。从人类生存发展需要的方面来说，水资源是不可再生的，特别是用于生产生活的淡水资源。日益严重的水资源短缺和严重的水环境污染困扰着国计民生，而且也已成为制约社会经济可持续发展的主要因素。据不完全统计，目前全世界有一百多个国家缺水，其中严重缺水的国家已达四十多个。我国同样面临水资源紧缺的现实。我国人均占有水资源 2 700 m³，仅相当于世界平均值的 1/4。我国水资源分布时间上存在不均匀性，空间上也存在巨大的差异。

地表水体作为水资源的重要组成部分，不仅是主要的饮用水源和工农业生产的原料，又是重要的环境要素，对支撑生态系统、维持水系良性循环有着突出的作用。地表水是指陆地表面存在的水，即河水、湖水等。相对于地表水的是地层水（地表面下的土壤水和地下水的总称）。随着社会经济发展、用水量迅速增加，水污染加剧，淡水资源日益枯竭，水资源和水污染对我国国民经济的制约作用已经凸现。地表水体水质安全问题，直接关系到广大人民群众的生产、生活和健康。

地表水体污染事件复杂多样，有些工业污水成分复杂，排放没有规律，农业面源污染随生产时节变化明显，同时水质的变化还受汛期洪水、降雨的影响，许多因素都会导致水质频繁变化。传统的水质监测方法多是人工在某些断面定时定点取样，然后将样品带回实验室分析，难以保证所测数据的准确性和时效性，无法及时、准确地反映水质污染变化过程，很难适应现代水源地水质保护的要求。通过对地表水水质的连续自动监测可掌握水环境的污染情况，如果在连续自动监测过程中发现异常值，可及时采取措施防止发生严重后果，如停止下游的工业用水、农业用水和生活用水等。

水质自动监测在国外起步较早。1959 年美国开始对俄亥俄河进行水质自动监测；1960 年纽约州环保局开始着手对本州的水系建立自动监测系统；1966

年美国安装了第一个水质监测自动电化学监测器；在 20 世纪 70 年代初期欧美和日本等发达国家就对河流、湖泊等地表水开展了自动在线监测，同时对城市和企业的污水处理厂排水也实行自动在线监测。所采用的方法有实时在线监测和间歇式在线监测两种。在监测设备方面，水质自动监测广泛应用现代尖端的微电子技术、嵌入式微控制器技术，并做到智能化的数据采集、分析和运算，完全实现了自动化。目前，世界上已建成的自动监测系统，既有全自动联机系统，也有半自动脱机系统，大部分是以监测水质污染的综合指标为基础的，包括水温、浑浊度、pH 值、电导率、溶解氧、化学需氧量、生化需氧量、总需氧量和总有机碳等。

1.2　我国地表水水质自动监测系统

为了实时监控地表水体的环境质量，发挥实时监视和预警功能，在跨界污染纠纷处置、污染事故预警、重点工程项目环境影响评估及保障公众用水安全方面发挥重要作用，20 世纪 90 年代，我国开始引进水质自动监测技术，自 1999 年 9 月，环保部分别在松花江、淮河、长江、黄河及太湖流域的重点断面开展了地表水水质自动监测站的试点工作，共建设了 10 个水质自动监测站。从此水质在线监测技术开始在我国广泛推广及应用。

2000 年 9 月起，经过"十五""十一五"期间的努力，陆续在全国 31 个省区市（不含港澳台地区）各个流域的重点断面、大型湖库以及国界出入境河流上建成了 149 个水质自动监测站。自动监测站选址原则是：重要河流的干支流省界、重要支流汇入口及入海口、重要湖库湖体及出入湖河流、国界河流及出入境河流、重大水利工程项目影响区。建设特点是："十五"期间侧重于污染防治任务艰巨的主要流域重点断面，如三河三湖等；"十一五"期间侧重于国界河流、省界断面和未涉及的流域，初步形成了覆盖全国主要水体的地表水水质自动监测网络。地表水水质自动监测已成为我国水环境监测中的一个重要组成部分。

目前，国家水质自动监测站（以下简称"水站"）的监测项目包括水温、pH 值、溶解氧、电导率、浊度、高锰酸盐指数、总有机碳和氨氮。部分湖泊水站的监测项目还包括总氮、总磷和叶绿素。有些站正在开展生物毒性、挥发性有机污染物（VOCs）的试点监测。今后可能还要拓展重金属监测项目。目前使用的分析方法主要参照环境保护部以及美国环保局（EPA）和欧盟（EU）

认可的仪器分析方法，仪器基本性能指标执行环境保护部批准的水质自动监测技术规范。部分水质自动监测仪器的测定方法与国家有关技术要求一览表见表1-1。

表1-1　水质自动监测仪器的测定方法与国家有关技术要求一览表

序号	项目	主要参照方法	参照标准	国家有关技术要求	标准号
1	水温	NTC温度探头法、PT100电极法	GB/T 13195-1991	—	—
2	pH	玻璃电极法	GB/T 6920-86	pH水质自动分析仪技术要求	HJ/T 96-2003
3	电导率	电导池法	—	电导率水质自动分析仪技术要求	HJ/T 97-2003
4	浊度	散射光法	—	浊度水质自动分析仪技术要求	HJ/T 98-2003
5	溶解氧	膜电极法、荧光法	HJ 506-2009	溶解氧（DO）水质自动分析仪技术要求	HJ/T 99-2003
6	高锰酸盐指数	酸性氧化法、光度法	GB 11892-89	高锰酸盐指数水质自动分析仪技术要求	HJ/T 100-2003
7	氨氮	氨气敏电极法	—	氨氮水质自动分析仪技术要求	HJ/T 101-2003
8	总磷	钼酸铵分光光度法	GB 11893-89	总磷水质自动分析仪技术要求	HJ/T 103-2003
9	总氮	碱性过硫酸钾消解紫外分光光度法	HJ 636-2012	总氮水质自动分析仪技术要求	HJ/T 102-2003
10	叶绿素a	荧光法	—	—	—
11	流量	固定式声学多普勒法	SL337-2006	声学多普勒流量测量规范	SL337-2006

国家水质自动监测站采用每4 h采样分析1次的频次，每天每个监测项目有6个监测结果。自动监测数据由控制系统自各台分析测试仪器采集存储之后，采用VPN方式传送到各水质自动站的托管站和总站，通过互联网实现实时发布。托管站也可以通过VPN和电话拨号两种通信方式，实现对所托管子站的实时监视、远程控制及数据采集。各省级环境监测中心站及其他经授权的部门可以随时从总站的数据库中调阅各水站的历史监测数据。

国家地表水水质自动监测网的建设和运行，体现了中国水环境监测技术手段的科学化和现代化，对国家环境保护决策部门及时做出有效的水污染防治和管理对策等方面均具有重要意义。自动监测频次高、数据传输速度快，在国家主要流域水质状况常态预警、重大水污染事件跟踪监测、重大自然灾害预警、重大国际活动预警等方面都发挥了重要的作用。

各省区市也逐步建立了本地的跨区跨界水质自动站，以及城市重点饮用水源地水质自动站，近几年，江苏、浙江、河南、山东、广东、四川发展很快，在交界断面与饮用水源地大规模建设了水质自动监测站。据不完全统计，全国地表水水质自动监测站的数量已经达到了 2 000 多个。

1.3　水质自动监测系统组成及功能

水质自动监测系统是一套以在线水质自动分析仪器为核心，运用现代传感器技术、自动测量技术、自动控制技术、计算机应用技术以及相关的专用分析软件和通信网络所组成的综合性水质在线自动监测体系。实施水质自动监测，能达到及时掌握主要流域重点断面水质状况、预警流域性水污染事故、解决跨行政区域的水污染纠纷，以满足流域内水环境管理和监测预警的需要。

1.3.1　水质自动监测系统组成

地表水水质自动监测系统由系统中心站和水站组成，各水站由采水系统、水样预处理及配水系统、控制系统、辅助系统、检测系统、数据采集及通信系统以及水站站房等组成。

1.3.1.1　采水系统

采水系统一般包括采水构筑物、采水泵、采水管道、清洗配套装置、防堵塞装置和保温配套装置、航道安全设施、反冲洗装置及自动采样设备等。其功能主要是在任何情况下确保将采样点的水样引至站房中，为系统提供连续、稳定的水样，满足配水系统和检测系统的需要。由于各地的水文状况、地理及周边环境的差异，需要在实地考察并结合实际情况后才能确定一个可靠方案。常用的采水方式有栈桥+浮筒方式、吊臂方式及管道取水方式。

1. 采水构筑物

采水构筑物是指靠近取水点处的河道内或河岸上的建筑，其主要作用为：

固定浮筒、固定水位计，便于水泵、浮筒的维护维修工作，或放置自吸泵等。下面介绍几种常用的采水方式：

栈桥式采水方式适用于采水点距离岸边小于 20 m，水位变化小于 2 m 的情况，取水点深度不应低于 2 m。

锚式或固定桩采水方式可用于取水点距离岸边较远（大于 50 m）的情况，取水点深度不应低于 2 m，并且适用于河道中水流不是非常急的水域中。

吊臂式采水方式可用于取水点岸边陡峭、水流较急的情况。

2. 采水泵

采水泵是采水单元的动力单元，分为潜水泵和自吸泵两种，主要功能是把样品水从河道或湖中输送到站房中以供分析。

自吸泵：主要是依据真空离心作用使液体、气体甚至固体产生位移的原理设计制造的。当水泵的引流体内注满引流液并接通电源时，水泵叶轮转动，使水泵引流体内形成真空离心状态，排空管路中气体后使液体在真空离心作用下产生移动，达到抽水目的。

由于自吸泵的工作原理决定其吸程高度不可能太高，从目前国际上自吸水泵的技术水平来看，自吸泵的吸程最高只能为 9 m，并且还需要考虑管路的长度、材料和角度等因素对吸程的降低。因此，自吸泵适用于自吸泵距取水点落差小于 9 m，距离小于 50 m 的系统。

潜水泵：直接放置在水中取水的水泵。适用于远距离、大落差的取水条件，但是由于其在室外水中工作，因此其维护量较大，需额外增加安全保护措施。

3. 采水管道

采水管道为取水点到站房内前处理及配水系统之家的管路。其主要功能是为样品水的传输提供途径，并且在传输过程中，对样品的物理、化学性质产生尽可能小的影响，最好不产生影响。建议选用采水管道的材质应有足够的强度，可以承受内压和外载荷，具有化学稳定性好、质量小、耐磨耗和耐油性强等特点，适用于管路铺设，同时避免污染所采水样。应根据相关管道设计规范进行管道材质和管径的选择，确保管内流速和管道压力损失在合理范围之内。

1.3.1.2   水样预处理及配水系统

水样预处理及配水系统负责完成水样的一级、二级预处理，将采水系统采集到的水样根据所有分析仪器和设备的用水水质、水压和水量的要求分配到各个分析单元和相应设备，并采取必要的清洗、保障措施以确保系统长期运转。一般分为流量和压力调节、预处理及系统清洗三个部分。

1. 技术要求

（1）常规五参数（包括样品的 pH、水温、溶解氧、浑浊度和电导率 5 个监测项目）的分析使用未经过预处理的样品。

（2）流量和压力调节。

配水系统应当能够通过对流量和压力的调配，满足所选用仪器和设备对样品水流量和压力的具体要求。

（3）预处理。

① 配水系统应尽可能满足标准分析方法中对样品的预处理要求。

② 配水系统可以根据不同仪器采取恰当的过滤措施。在不违背标准分析方法的情况下，可以通过过滤达到预沉淀的效果，也可以通过预沉淀替代过滤操作。

2. 系统清洗及辅助功能

（1）应当设置清洗和杀菌除藻功能。该功能应当能够遍及全部系统管路和相关设备，但不能损害仪器和设备，也不能对分析结果构成影响。

（2）不能对环境造成污染。对分析单元排放的废液应当回收处理。

（3）能够在停电时自我保护，再次通电时自动恢复。

1.3.1.3 控制系统

控制系统是水质自动监测系统的核心单元，主要由 PLC、控制柜、工业 PC 机以及一些控制元件构成。控制系统按照预先设定的程序完成系统采水、预处理、配水、启动、测试、清洗、除藻、反吹等一系列动作的同时可以监测系统运行状态，并根据不同状态对系统动作做出相应的调整。

1.3.1.4 辅助系统

辅助系统是保障水质自动监测系统正常稳定运行所不可或缺的重要组成部分。辅助系统包括压缩空气设备、防雷设备、UPS 电源、除藻设备、纯水供给设备、废水收集处理设备以及视频监控设施等。

1. 压缩空气设备

压缩空气设备的气源主要依靠设备中的空气压缩机及减压过滤二联件等设备来提供。空压机为无油型，不会对分析结果造成影响，同时保证水站内自动反吹清洗系统的正常运行。

2. 防雷设备

防雷设备是自动监测站自动运行的重要保证。防雷设计采用避雷针与地网接牢，避雷针与无线通信天线分开，避雷针的最高点比无线通信天线顶高出 3 m 以上，并保证站房和其他受保护设施在以避雷针为顶点的 35°～45°角椎体保护范围内。此部分应在站房建设中完成。

3. UPS 电源

水质自动站大多地处偏远、电压波动范围较大、无人 24 小时值守，因此需要配置适宜的 UPS 不间断电源，对系统起到停电保护作用。配置的 UPS 电源应具有在线可控、正弦波、断面保护、自动恢复、过载保护、故障诊断记录等功能。在停电状态下能够保存、传输数据；在恢复供电后，系统可以自动恢复工作。

4. 除藻设备

对于水质较差，特别是夏季水体中有大量藻类繁殖，会堵塞管道，并且改变采样水水样的性质，严重使水样失去代表性，特别是使氨氮和总磷仪器测定值偏低。工作原理如下：

（1）催化原理。

光催化剂 TiO_2 在一定波长的紫外线作用下，吸收 100～400 nm 波长范围的紫外光后产生羟基，然后羟基在催化剂表面通过强氧化作用分解有机物。

（2）氧化技术和陶瓷催化氧化技术。

一定波长的紫外线能把 O_2 氧化成 O_3，O_3 具有很强的氧化能力，臭氧在水中首先光解产生 H_2O_2，H_2O_2 在紫外光的照射下产生 OH，而进入水中的 OH 再进行进一步循环反应；同时，O_3 和 H_2O_2 结合，其氧化能力不是简单的相加，H_2O_2 可强化水中羟基自由基（OH）的产生，而 OH 是水中氧化能力最强的氧化剂（氧化还原电位 2.8），其氧化能力远强于 O_3 和 H_2O_2。在 A 型陶瓷催化版的作用下迅速生成羟基自由基，在 B 型陶瓷催化版作用下能迅速产生超氧自由基，使水负离子化，负离子化的水能够高效地灭菌除藻。

（3）紫外线灭藻原理。

细菌、病毒等微生物体内的 DNA 分子能吸收紫外光线照射的能量（特别是 254 nm 的紫外线），当吸收的能量达到一定的计量时，DNA 分子发生变异、结构受到破坏（键断裂或光化学反应），微生物便失去活性，从而在不使用任何化学药物的情况下杀灭水中的细菌、病毒以及其他致病体。对大多数细菌、病毒接收相对较低强度的紫外光照射，在达到 10 000 $\mu W \cdot s/cm^2$ 的剂量时，便会被破坏其结构而死亡。

5. 纯水供给设备

纯水系统分二级出水。第一级出水满足清洗仪表管路的要求；第二级出水可用于配制试剂。纯水系统水源为合格水质的自来水，经过两级过滤后，进入离子交换树脂，得到的水为第一级纯水，再经过纯水泵送入精度更高的反渗透装置后，进行紫外杀菌，即为第二级纯水，送入纯水罐中备用。纯水罐均配有专用的纯水管道、高低液位监控、纯水泵启动控制等装置。纯水罐内还设有低水位报警装置，当可编程控制器（PLC）采集控制系统收到低液位报警信号后，立即启动纯水泵开始制纯水。

6. 废水收集处理设备

为防止仪器产生废液对环境造成二次污染，系统需设计独立的废水收集处理设备，即通过专用的防腐蚀管路与仪器废液管路连接，配备专用的废液收集桶，通过电磁阀控制开关，废液收集桶避光保存。即原水进取水管路，不与仪器试剂有任何的直接接触，保证"原水进入，原水排出"。

1.3.1.5　检测系统

检测系统是水质自动监测系统的核心部分，由满足各检测项目要求的自动检测仪器及辅助设备组成。辅助设备包括：过滤器、自动进样装置、自动清洗装置、冷却水循环装置、清洁水制备装置等。根据各检测仪器运行的要求，选配或加装所需的辅助设备。

1.3.1.6　数据采集及通信系统

数据采集及通信系统由现场数据采集模块和远程传输模块组成，负责完成监测数据从各水质自动监测站到监控中心的通信传输工作。

1. 数据采集模块

数据采集模块由监控机、数据采集模块、现场总线等组成，以现场监控软件包为核心，配合模拟量和数字量采集模块、串口模块、485 模块实现采集功能，完成对水质监测数据、监测仪器工作状态数据、报价数据的采集、显示和处理。

2. 数据传输模块

远程数据传输模块由通信服务器、通信设备以及通信网络组成，数据传输以有线电话、无线 GPS/CDMA、光纤等方式为主，完成各水站与中心站的数据传输、远程控制及远程诊断功能。

1.3.1.7　水站站房

水站站房包括供水、供电、空调、通信、防雷、站房环境控制、防盗设施，保障水站仪器设备安装和运行环境；选址能采集具有代表性的水样。

1.3.2　水质自动监测系统的功能

1.3.2.1　在线自动监测

在线自动监测能及时、准确地监测目标水域的水质及其变化状况；中心站可随时取得各监测站的实时监测数据，统计、处理监测数据，可以打印输出日、周、月、季、年平均数据以及最大值、最小值等各种表格、统计报表及图表（柱状图、曲线图、多轨迹图、对比图等），并可以输入中心数据库或上网；收集并可以长期存储指定的监测数据及各种运行资料、环境资料备检索。系统具有监测项目超标及测站状态信号显示、报警功能，以及自动运行、停电保护、来电自动恢复功能；维护检修状态测试，便于例行维修和应急故障处理。如图 1-1 所示。

图 1-1　水质自动监测系统

1.3.2.2 预警预报

预警预报突发性、流域性以及重大的水污染事故，及时追踪污染源，解决跨行政区域的水污染事故纠纷，监督总量控制制度落实情况和排放达标情况，为管理决策服务。

1.3.2.3 信息发布和在线查询

基于地理信息系统以及万维网开发的应用软件系统，具有信息发布和在线查询、分析、计算、图表显示、打印等功能，支持信息的互访共享，为决策提供科学依据。

2 水质自动监测仪器操作规程

水站配备仪器型号种类较多，各分析项目主要的仪器品牌为：五参数（中国力合、美国 YSI、中国久环、美国哈希、德国 WTW）；氨氮（德国 WTW、中国朗石、中国力合、美国哈希、比利时 AppliTek、中国久环）；高锰酸盐指数（德国科泽、中国久环、奥地利是能、中国力合）；总磷（中国久环、中国力合）；总磷总氮（日本岛津）；重金属（中国力合、美国 Thermo）；生物毒性（比利时 AppliTek、韩国 WEMS）等。如图 2-1 所示。

2.1 高锰酸盐指数

2.1.1 方法原理

2.1.1.1 酸性氧化法

在样品中加入已知量的高锰酸钾和硫酸，在 95～98 ℃ 加热反应一定时间，然后加入过量的草酸钠还原剩余的高锰酸钾，再用高锰酸钾标准溶液回滴过量的草酸钠。Seres2000 高锰酸盐指数仪、力合高锰酸盐指数仪通过测定反应室光衰减确定滴定终点；科泽 K301 高锰酸盐指数仪通过测定 ORP 电极电位确定滴定终点。最后通过计算得到样品中高锰酸盐指数值。

$$5C_2O_4^{2-} + 2MnO_4^- + 16H^+ === 10CO_2 + 2Mn^{2+} + 8H_2O$$

本方法仪器测试量程为 0～20 mg/L，Seres2000、科泽 K301 高锰酸盐指数仪检出限为 0.5 mg/L，力合高锰酸盐指数仪检出限为 0.1 mg/L。

2.1.1.2 光度法

SCAN 高锰酸盐指数分析仪是根据不同物质对不同波长紫外可见光有不同吸收，并且其光吸收量与物质的量成正比关系的原理工作。光源发射的光束，在经过待测样品后，用检测器测量该光束一定波长范围内的光强度，与参比光束测量值比较，结合标定测试结果进行计算，从而确定样品中高锰酸盐指数值。

本方法仪器测试量程为 0 ~ 20 mg/L，检出限为 0.5 mg/L。

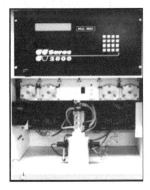

（a）久环高锰酸盐指数仪

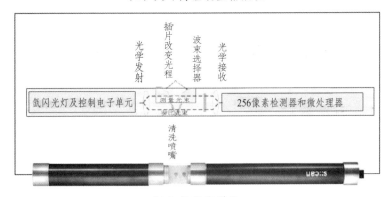

（b）是能光谱仪

图 2-1　水质自动监测仪器

2.1.2　试剂配制

使用的化学试剂等级必须是优级纯；配制试剂用水应为不含还原性物质的纯净水。

2.1.2.1　Seres2000 仪器

1. 高锰酸钾溶液

称取 0.395g 高锰酸钾溶于 1.2 L 水中，加热煮沸 1 ~ 2 h，使体积减少至约 1 L，静置过夜。经 G3 型玻璃砂芯漏斗过滤，滤液定容至 1 000 mL，储于棕色瓶中，冷藏可保存 3 个月。

2. 草酸钠溶液

称取 0.670 5 g 在 105～110 ℃ 烘干 2 h 并冷却的草酸钠标准物质，溶解并定容至 1 000 mL。

3. 硫酸

将 110 mL 浓硫酸缓慢加入 890 mL 纯净水中。

4. 间苯二酚贮备溶液

称取 0.600 g 间苯二酚，溶解并定容至 1 000 mL，该溶液的高锰酸盐指数值为 1 000 mg/L，储于试剂瓶内冷藏可保存 3 个月。

5. 间苯二酚校准液

取 10 mL 间苯二酚贮备溶液稀释定容至 1 000 mL，该溶液的高锰酸盐指数值为 10 mg/L。

6. 试剂消耗

以上试剂在正常情况下可以满足仪器 2 周运行需要。

2.1.2.2　科泽仪器

1. 高锰酸钾溶液

称取 0.640 0 g 高锰酸钾溶于 2.0 L 水中，加热煮沸 1～2 h，使体积减少至约 1.5 L，静置过夜。经 G3 型玻璃砂芯漏斗过滤，滤液定容至 2 000 mL，贮于棕色试剂瓶中，冷藏可保存 3 个月。

2. 草酸钠反应液

称取 1.680 0 g 在 105～110 ℃ 烘干 2 h 并冷却的草酸钠标准物质（GR），溶解并定容至 2 000 mL。

3. 草酸钠标定母液

称取 0.837 0 g 草酸钠于烧杯中充分溶解，加入 5 mL 25% 硫酸溶液后定容至 1 000 mL。该母液高锰酸盐指数值为 100 mg/L，在试剂瓶中冷藏可保存 3 个月。

4. 草酸钠标定溶液 1

吸取 5 mL 草酸钠母液稀释定容至 1 000 mL，该标定液高锰酸盐指数值为 0.50 mg/L。

5. 草酸钠标定溶液 2

吸取 50 mL 草酸钠母液稀释定容至 1 000 mL，该标定液高锰酸盐指数值为 5.00 mg/L。

6. 硫酸（25%）

将 250 mL 浓硫酸缓慢加入 750 mL 纯净水中。

7. 试剂消耗

以上试剂在正常情况下可以满足仪器 2 周运行需要。

2.1.2.3　SCAN 仪器

该仪器监测水样时无须任何试剂。

2.1.2.4　力合仪器

1. 蒸馏水或去离子水

电导率小于 2 μs/cm，密闭贮存于塑料瓶中。

2. 消解液（硫酸溶液）

200 mL 浓硫酸缓慢加入 600 mL 水中，边加边搅拌，冷却至室温，密闭贮存于玻璃瓶中，可保存 3 个月。

3. 还原液（草酸钠溶液）

称取 2.682 0 g 预先在 105~110 ℃ 烘干 1 h 并冷却后的基准或优级纯草酸钠，溶解并定容至 1 000 mL，浓度为 0.020 mol/L，密闭、低温贮存于塑料瓶中，可保存 15 天。

4. 高锰酸钾母液

称取 3.18 g 高锰酸钾溶于 1.2 L 水中，加热煮沸，使体积减少到约 1 L，放置过夜，用 G3 玻璃砂芯漏斗过滤后，滤液定容至 1 000 mL，浓度约为 0.020 mol/L，密闭、低温贮存于棕色玻璃瓶中，可保存 3 个月。

5. 氧化剂

准确移取 150 mL 高锰酸钾母液稀释定容至 1 000 mL，浓度为 0.003 mol/L，密闭、低温贮存于棕色玻璃瓶中，可保存 15 天。

6. 滴定液

准确移取 50 mL 高锰酸钾母液稀释定容至 1 000 mL，浓度为 0.001 mol/L，密闭、低温贮存于棕色玻璃瓶中，可保存 15 天。

7. 高锰酸盐指数标液

贮备液（1 000 mg/L）：称取 1.676 g D(＋)葡萄糖，溶解并定容至 1 000 mL，密闭、低温贮存于塑料瓶中，可保存 2 个月。

标液：各浓度标液通过稀释贮备液（1 000 mg/L）来配制。每次稀释不得超过 100 倍，储于密闭低温容器中，可保存 15 天。

8. 试剂消耗

以上试剂在正常情况下可满足仪器 2 周运行需要。

2.1.3 运行维护

仪器的运行维护主要有检查、清洁和更换三种方式，可根据具体情况进行调整（见表 2-1，2-2，2-3）。

表 2-1 SERES2000 和科泽高锰酸盐指数分析仪维护周期表

维护周期	维护方式	维护内容
每周	检查	试剂剩余量；管路通畅、密闭情况；反应室清洁情况；仪器接地情况
	清洁	清洗样水杯以及进样管，根据情况清洗反应室
每两周	更换	更换试剂
	检查	蠕动泵运转情况，各阀体运转情况
	清洁	清洗采样杯、进样管路、试剂管路、蠕动泵管、反应室和废液桶等
每月	检查	SERES2000 光源情况，以及 ORP 电极电位值情况
每季度	更换	更换进样管路、试剂管路等
每半年	更换	更换蠕动泵管；更换仪器管路及接头
有必要时	更换	更换电极

表 2-2 SCAN 高锰酸盐指数分析仪维护周期表

维护周期	维护方式	维护内容
每周	检查	空气管路通畅、密闭情况；控制器拧紧情况；空气泵运转情况，自动清洗效果；指纹图情况
	清洁	清洗水样桶；清洗检测探头
每月	清洁	清洗维护探头测量窗口
	检查	检查探头测量窗口

表 2-3 力合高锰酸盐指数分析仪维护周期表

维护周期	维护方式	维护内容
每周	清洁	清空废液桶
	检查	检查仪器箱内废液存积情况
每两周	更换	更换试剂
每月	清洁	清洗或更换进样管路；清洗仪器液位管
每季度	检查	检查检测池清洁情况，进行清洗或更换
有必要时	更换	更换电磁阀

2.1.3.1 更换试剂

（1）将需要更换的旧试剂收集到废液桶。

（2）用配制好的新试剂淌洗 2～3 次对应的试剂瓶。

（3）加入新配试剂。

（4）进行相应的试剂管路填充工作。

（5）将试剂更换情况填入表 szzd-04。

2.1.3.2 蠕动泵管及管路和接头更换

（1）排空所有管路和阀体内液体。

（2）根据对应型号和规格进行泵管、管路以及接头的更换。

（3）进行管路填充。

2.1.3.3 电极更换

（1）取下旧电极。

（2）换上新电极，注意电极与搅拌子距离。

（3）对仪器进行重新标定。

2.1.3.4 清洗维护 SCAN 探头测量窗口

（1）用湿润的纸巾或棉签抹擦镜片，然后用纯净水冲洗。

（2）其余地方用洗管刷或软毛牙刷进行清洗。

（3）如出现钙化水垢可用 3 % 的盐酸进行润洗。

2.1.3.5 电磁阀更换

（1）断开电磁阀管路，断开线路插头。

（2）重新安装电磁阀。

2.1.4 测试

仪器的测试主要有校准、测试和性能审核三种方式（见表2-4）。

表 2-4 高锰酸盐指数分析仪测试周期表

测试周期	测试方式	测试内容			
		Seres 分析仪	科泽分析仪	SCAN 分析仪	力合分析仪
每日	测试	—	—		日标样核查
每周	测试	周核查测试	周核查测试	—	空白测试
每两周	校准	—	—	本地标定	—
每季度	校准	空白测试	标定测试	—	标定测试
		标定测试			
每年	性能审核	准确度测试	准确度测试	精密度测试	准确度测试
		精密度测试	精密度测试		精密度测试
		线性检查	线性检查	线性检查	线性检查
		检出限	检出限	检出限	检出限

2.1.4.1 力合日标样核查

（1）将配制好的标准样品接入标样口。
（2）在软件上设置每日自动标样核查时间以及标样浓度。
（3）仪器自动切换进样管到标样口。
（4）根据软件上设置的核查时间，仪器自动启动标样测试。
（5）根据设置的核查浓度，仪器自动计算相对偏差，然后将数据结果保存至现场软件并自动生成质控标记。

2.1.4.2 Seres2000 周核查测试

（1）将配制好的标准样品接入标样口。
（2）进样开关选择到标样口。
（3）启动仪器测试。
（4）将测试结果记录到表 szzd-02，并计算相对偏差，上传至省网站平台，并做质控标记。

2.1.4.3　科泽周核查测试

（1）将进样管接入配制好的标准样品中。

（2）启动仪器测试。

（3）将测试结果记录到表 szzd-02，并计算相对偏差，上传至省网站平台，并做质控标记。

2.1.4.4　力合周空白测试

（1）软件具备远程空白校准功能，可实现远程及本地校准。

（2）在出现试剂、电极、泵管更换等情况时需进行空白测试。

（3）点击空白校准，进行空白测试。

（4）空白测试完后查看并记录空白数据。

2.1.4.5　SCAN 本地标定测试

（1）启动本地校准，记录校准时间。

（2）对同一水样进行实验室测量。

（3）在对应 ID 输入实验室测量值。

（4）删除不需要的 ID，确认本地标定。

2.1.4.6　Seres2000 空白测试

（1）在出现试剂、电极、泵管更换等情况时需进行空白测试。

（2）点击空白校准，进行空白测试。

（3）空白测试完成后查看并记录空白数据。

2.1.4.7　标定测试

（1）在出现试剂、电极、泵管更换等情况时需进行校准测试。

（2）在仪器系统内设置校准液浓度值。

（3）启动校准测试。

（4）校准测试完成后查看并记录校准数据。

2.1.4.8　准确度测试

（1）选择浓度值接近日常水样值的标准样品。

（2）按照标液测试程序连续测量 6 次。

（3）将仪器测试值记录到表 szzd-10，相对误差（ RE ）计算公式如下：

$$RE(\%) = \frac{\bar{x} - c}{c} \times 100$$

式中　$\bar{x}$ ——质控样品多次测定平均值；

　　　c ——质控样推荐值或标样配制值。

2.1.4.9　精密度测试

（1）选择浓度值接近日常水样值的标准样品。

（2）按照标液测试程序连续测量 6 次。

（3）将仪器测试值记录到表 szzd-10，计算其相对标准偏差（ RSD ）（即多次测定结果的标准偏差 SD 与多次测定结果的平均值之比），计算公式如下：

$$RSD(\%) = \frac{\sqrt{\dfrac{1}{n-1} \sum\limits_{i=1}^{n} (x_i - \bar{x})^2}}{\bar{x}} \times 100$$

2.1.4.10　线性检查

（1）按仪器规定的测量范围均匀选择 6 个浓度的标准溶液（含空白）。

（2）按样品分析方式进行测试。

（3）将测试结果填入表 szzd-11，并计算其相关系数。

2.1.4.11　检出限

（1）按样品分析方式连续测定空白溶液或配制的低浓度标准溶液 6~8 次。

（2）仪器的检出限采用实际测试获得的检出限。

（3）将测试结果填入表 szzd-12，检出限计算公式如下：

$$DL = 3S_b$$

式中　3——常数；

　　　S_b ——多次测定结果的标准偏差（mg/L）。

2.1.5　注意事项

2.1.5.1　常见故障诊断

通常仪器发生故障时，仪器屏幕会有简单的提示，下表 2-5 列出常见的故障及解决方案，可采取相应的措施排除故障。

表 2-5 高锰酸盐分析仪故障现象排除与解决方案表

故障现象	故障原因	解决方案
空白失败	（1）管路堵塞 （2）试剂错误 （3）泵管错误 （4）光路故障 （5）测量室加热故障 （6）程序时序错误	（1）检查疏通管路 （2）更换试剂 （3）检查更改泵管型号和安装方式 （4）检查调整入射光以及反应室位置 （5）检查修复或更换加热电阻和感温元件 （6）重新置入时序文件
校准失败	（1）标液异常 （2）空白异常 （3）电极老化 （4）光窗口污染	（1）进行标液更换或者补充 （2）重新执行空白标定 （3）更换电极 （4）检查清洁光发射端和接收端窗口
测量不稳定	（1）泵管异常 （2）搅拌不均匀 （3）样品异常 （4）试剂进量异常 （5）电磁阀有漏气、漏液或者堵塞现象	（1）检查更换泵管 （2）检查调整搅拌子位置及搅拌速度 （3）进行样品过滤等前处理 （4）检查并处理试剂管路中气泡 （5）查找电磁阀漏气节点，拧紧、疏通或者直接更换

2.1.5.2 停电异常处理

（1）Seres2000 分析仪和科泽分析仪如果停机 48 小时以上，应先排空试剂管路和反应室，再用纯净水清洗测量室、管路；排空后关闭分析仪。

（2）力合分析仪如果长时间关闭仪器，需运行维护菜单中的清洗管路流程（自动清洗方法：停机前先撤下试剂，并将所有试剂样管浸泡于蒸馏水烧杯中，进入"4维护"，输入密码 888888，选择"自动清洗"），清除设备中的残留试剂，避免损坏管路。仪器停用，需拔掉电源插头，并切断外部电源。

2.2 氨 氮

2.2.1 方法原理

采用氨气敏电极法进行监测。氨气敏电极为复合电极，以 pH 玻璃电极为指示电极，银-氯化银电极为参比电极。在恒定的离子强度下测得的电动势与水样中氨氮浓度的对数呈一定的线性关系，由此可从测得的电位值，确定样品中氨氮的含量。WTW 氨氮仪和哈希氨氮仪如图 2-2 所示。

仪器测试量程为 0 ~ 10 mg/L，检出限为 0.05 mg/L。

（a）WTW 氨氮仪　　　　　　（b）哈希氨氮仪

图 2-2　WTW 氨氮仪和哈希氨氮仪

2.2.2　试剂配制

2.2.2.1　WTW，Applitek，哈希 AMTAX_sc，力合仪器

氨氮分析仪配制试剂用水均应为蒸馏水或去离子水（无氨水），除氨氮贮备液外，其余试剂于使用前配制。

1. 氨氮标液

（1）氨氮贮备液（1 000 mg/L）。

将优级纯氯化铵在 120 °C 条件下干燥 2 h，冷却至室温后，准确称量 3.821 0 g，溶解后于 1 000 mL 容量瓶中定容，转入试剂瓶中，避光冷藏保存 3 个月。

（2）标液 A（0.5 mg/L、0.1 mg/L）。

移取氨氮贮备液，用容量瓶稀释定容至 0.5 mg/L。

力合设备移取氨氮贮备液，用容量瓶稀释定容至 0.1 mg/L。

（3）标液 B（5 mg/L、1 mg/L）。

移取氨氮贮备液，用容量瓶稀释定容至 5 mg/L。

力合设备移取氨氮贮备液，用容量瓶稀释定容至 1 mg/L。

2. 反应液

（1）用于 APPLITEK 仪器。

称取 160 g 氢氧化钠和 29.7g 乙二胺四乙酸，溶解并定容至 1 000 mL 容量瓶中。

（2）用于 WTW 仪器。

称取 200 g 氢氧化钠和 195 g EDT2 Na 盐，溶解后转入 5 L 塑料试剂瓶中，反复摇匀。

（3）用于哈希仪器。

称取 100 g 氢氧化钠和 80 g EDT2 Na 盐，溶解后转入 2 L 塑料试剂瓶中，反复摇匀。

3. 清洗液

（1）用于 APPLITEK 仪器。

称取 100 g 乙二胺四乙酸和 25 g 氢氧化钠，溶解并定容至 1 000 mL 容量瓶中。

（2）用于 WTW 仪器。

称取 160 g 固体分析纯柠檬酸，溶解并定容至 1.5 L 容量瓶中。

（3）用于哈希仪器。

称取 440 g 固体柠檬酸，溶解并定容至 1 000 mL 容量瓶中。

4. 缓冲液

用于力合仪器。

称取 100 g 氢氧化钠加水溶解，冷却后移入 500 mL 容量瓶，用水稀释至刻度线，贮于聚乙烯瓶中，密塞保存。

2.2.2.2 郎石 PhotoTek 6000 仪器

1. 氨氮标准贮备液（1 000 mg/L）

称取 3.819 g 在 105 ~ 120 ℃ 下干燥 2 h 并冷却的 NH_4Cl，溶解并定容至 1 000 mL。

2. 标准液 NO.1（低浓度 N=1.4 mg/L）

移取氨氮标准贮备液 14 mL 稀释定容至 2 L 容量瓶中，混匀后倒入 10 L 的标液 1 试剂桶中；准确量取 8 000 mL 蒸馏水至试剂桶中，混匀备用。

3. 标准液 NO.2（高浓度 N=4.0 mg/L）

移取氨氮标准贮备液 8 mL 稀释定容至 2 L 容量瓶中，混匀备用。

4. 清洗液（2 L）

准确称取 4.08 g 邻苯二甲酸氢钾稀释定容至 2 L 容量瓶中。

5. 核查样（2 L）

准确移取氨氮标准贮备液 2 mL 稀释定容至 2 L 容量瓶中，混匀备用。

6. 碱性试剂（2 L）

准确称取 111 g 乙二胺四乙酸二钠和 120 g 氢氧化钠溶解于 2 000 mL 容量瓶中，冷却后定容至标线，混匀备用。

7. 试剂、试剂桶对应表（见表 2-6）。

表 2-6　试剂、试剂桶对应表

试剂	酸性	标液 1	标液 2	碱性	核查样
试剂桶	2L/白色	10L/白色	2L/白色	2L/白色	2L/白色

注：核查样可根据用户需要配制相应的浓度值（切勿配制超出量程范围外的标液）。

2.2.3　运行维护

仪器的运行维护主要有检查、清洁和更换三种方式，可根据具体情况进行调整（见表 2-7）。

表 2-7　氨氮分析仪维护周期表

维护周期	维护方式	维护内容
每周	更换	更换分析仪卡位
每两周	更换	添加更换电解液、调节液、标液等
	清洁	清洗采样杯、进样管路、试剂管路、蠕动泵管、反应室和废液桶等
每月	清洁	清洁管路及接头
		清洁采样杯
每季度	更换	更换电极膜头、分析仪卡位、进样管路、试剂管路
每半年	更换	更换蠕动泵管、进样管路、试剂管路、T 型件等
有必要时	更换	更换电极

2.2.3.1 更换卡位

（1）从需要更换的试剂瓶中取出管路，并将管路接头放入烧杯内。
（2）取下需要更换的卡位。
（3）切换泵管卡位。
（4）装上卡子并调整松紧。

2.2.3.2 更换试剂

（1）将原剩余试剂倒入废液桶中。
（2）用新配置试剂润洗试剂瓶两次。
（3）装入新配试剂，盖好瓶盖，接通试剂管路。
（4）执行管路填充操作 2~3 次。
（5）将试剂更换情况填入表 szzd-04。

2.2.3.3 更换电极膜头

（1）关闭仪器电源，取出电极。
（2）旋下电极膜头。
（3）更换新膜头和电解液。
（4）用去离子水冲洗电极膜头，再用滤纸吸干电极膜头外壁水珠，注意不要碰到膜片部位。
（5）装上电极并打开仪器电源。

2.2.3.4 清洁仪器管路及接头

（1）将仪器切换至待机状态。
（2）取下需要清洁的管路及接头。
（3）用表面光滑的细铁丝将管路中的泥沙捅出，再用纯水冲洗管路内壁。
（4）清洗后重新安装管路及接头。

2.2.3.5 清洁水样杯

（1）将仪器切换至待机状态，排出水样杯内剩余水样。
（2）取下水样杯，用试管刷进行清洁。
（3）用纯水或自来水冲洗干净后将水样杯装回，进行采水测试，确保无漏水现象。

2.2.3.6　更换蠕动泵管

（1）旋下所有试剂管路接头并放入烧杯内。

（2）将蠕动泵管的卡子取下。

（3）安装新的蠕动泵管。

（4）安装卡子并调整松紧，进行测试，确保无漏水现象。

2.2.3.7　更换仪器管路

（1）将仪器切换至待机状态。

（2）取出需要更换的管路和接头。

（3）比照原管路长度，用剪刀裁剪出所需管路。

（4）按照管路图安装管路及接头，进行测试，确保无漏水现象。

2.2.3.8　更换电极

（1）关闭仪器电源，取下老化电极。

（2）取出新电极并用电解液润洗玻璃电极 2~3 次。

（3）确保膜头完整，添加电解液至适当位置，插入玻璃电极并旋紧。

（4）用去离子水冲洗电极膜头，再用滤纸吸干电极膜头外壁水珠，注意不要碰到膜片部位。

（5）装上新电极，打开仪器电源，进行校准。

2.2.3.9　电磁阀更换

（1）断开电磁阀管路，断开线路插头。

（2）重新安装电磁阀。

2.2.4　测试

仪器的测试主要有校准、测试和性能审核三种方式（见表 2-8）。

表 2-8　氨氮分析仪测试周期表

测试周期	测试方式	测试内容	
		APPLITEK、WTW、哈希、朗石	力合
每日	测试	—	日标样核查
每周	校准	仪器校准	仪器校准
	测试	标液测试	标液测试

测试周期	测试方式	测试内容	
		APPLITEK、WTW、哈希、朗石	力合
每年	性能审核	准确度测试	准确度测试
		精密度测试	精密度测试
		线性检查	线性检查
		检出限	检出限

2.2.4.1　力合日标样核查

参见 2.1.4.1。

2.2.4.2　仪器校准

（1）进入校准菜单，使仪器进入自动或手动校准程序。

（2）先检查标液 A、标液 B 余量，再启动校准程序。

（3）校准完成后，检查仪器斜率及相关参数是否在规定范围内。

（4）如在范围内且前后两次校准偏差相对平稳，则校准成功，否则排查故障后重新校准。

（5）填写表 szzd-02。

2.2.4.3　标液测试

（1）该项测试应在仪器校准后执行。

（2）首先将进样管路插入待测标液。

（3）进入质控/测试菜单，启动测试程序。

（4）记录仪器测试数值，将其填入表 szzd-02。

2.2.4.4　准确度测试

参见 2.1.4.8。

2.2.4.5　精密度测试

参见 2.1.4.9。

2.2.4.6　线性检查

参见 2.1.4.10。

2.2.4.7 检出限

参见 2.1.4.11。

2.2.5 注意事项

2.2.5.1 常见故障诊断

通常仪器发生故障时，仪器屏幕会有简单的提示，下表 2-9 列出常见的故障及解决方案，可采取相应的措施排除故障。

表 2-9 氨氮分析仪故障现象排除与解决方案表

故障现象	故障原因	解决方案
无法启动	电源故障	检查保险管
		检查电压值
校准失败	标液堵塞或耗尽	检查标液余量
		检查进样管路是否堵塞
	斜率不稳定	更换膜头/电极
	斜率超出范围	检查标液是否正确
	斜率超出范围	更换膜头/电极
	电极电压超出量程	更换膜头/电极
测值很低	进样故障	检查进样管路是否堵塞
	加热失败	检查加热模块
	试剂耗尽	检查试剂余量
测值不稳定	试剂量波动	检查管路是否有气泡
	电磁阀有漏气、漏液或者堵塞现象	查找电磁阀漏气节点，拧紧、疏通或者直接更换

2.2.5.2 停电异常处理

（1）仪器遇到短暂停电，可能会出现温度未达到分析要求，导致无法启动或测值异常。因此，恢复供电后需等待温度恢复到分析要求温度（一般为40 ℃）后启动测试。

（2）若长时间停电，可能出现管路堵塞、试剂变质等，需要清洗管路并更换试剂。

（3）力合分析仪如果长时间关闭仪器，需运行维护菜单中的清洗管路流程（自动清洗方法：停机前先撤下试剂，并将所有试剂样管浸泡于蒸馏水烧杯中，进入"4维护"，输入密码888888，选择"自动清洗"），清除设备中的残留试剂，避免损坏管路。仪器停用，需拔掉电源插头，并切断外部电源。

2.3　总磷总氮

2.3.1　方法原理

2.3.1.1　总磷

采用钼酸铵分光光度法进行监测。在中性条件下，用过硫酸钾（或硝酸 – 高氯酸）使试样消解，将所含磷全部氧化为正磷酸盐。在酸性介质中，正磷酸盐与钼酸铵反应，在锑盐存在下生成磷钼杂多酸后，立即被抗坏血酸还原，生成蓝色的络合物，将显色后样品测量其吸光度，确定样品中总磷的含量。

岛津仪器测试量程 0～20 mg/L，检出限为 0.01 mg/L。

力合仪器测试量程 0～50 mg/L，检出限为 0.005 mg/L。

2.3.1.2　总氮

采用碱性过硫酸钾消解紫外分光光度法进行监测。

（1）岛津仪器：在 120～124 ℃ 下，碱性过硫酸钾溶液使样品中含氮化合物的氮转化为硝酸盐，采用紫外分光光度法于波长 220 nm 和 275 nm 处，分别测定吸光度 A220 和 A275，按公式计算校正吸光度 A，总氮（以 N 计）含量与校正吸光度 A 成正比。

仪器测试量程 0～20 mg/L，检出限为 0.1 mg/L。

（2）力合仪器：样品在 80 ℃ 条件下经碱性过硫酸钾和紫外催化消解后，水样中的含氮化合物转变为硝酸盐，用硫酸肼在催化剂的存在下将硝酸盐还原为亚硝酸盐，用 N-（1-萘）乙二胺二盐酸盐分光光度法于波长 546 nm 处，测定吸光度 A，由 A 值查询标准工作曲线，计算总氮含量。

仪器测试量程 0～50 mg/L，检出限为 0.05 mg/L。

2.3.2　试剂配制

2.3.2.1　岛津 TNP 仪器

总磷总氮分析仪配制试剂用水均应为纯净水，除过硫酸钾建议用原厂进口试剂外，所有试剂均应使用优级纯，除总磷总氮贮备液外，其余试剂在使用前配制。

1. 反应液

（1）5%过硫酸钾。

称取过硫酸钾 15 g，溶解并定容至 1 000 mL。

（2）氢氧化钠。

称取氢氧化钠 40 g，溶解并定容至 200 mL。

（3）盐酸。

称取盐酸 15 mL，边搅拌边将盐酸缓慢地加入 240 mL 纯水中。

（4）硫酸。

称取硫酸 70 mL，边搅拌边缓慢地将硫酸加入 200 mL 纯水中。

（5）钼酸。

称取钼酸铵 1.2 g 和酒石酸锑钾 0.048 g，溶解于 80 mL 纯水中；再称取 16 mL 浓硫酸，缓慢加入溶液中。

（6）抗坏血酸。

称取 L（＋）-抗坏血酸 1.92 g，溶解于 80 mL 纯水中。

2. 总磷总氮标液

（1）总磷贮备液（1 000 mg/L）。

将磷酸二氢钾在 105～110 ℃下加热约 3 h，在干燥器内放至冷却后，准确称取 4.394 g，溶解于约 800 mL 纯水中，再移入 1 000 mL 容量瓶中定容。

（2）总氮贮备液（1 000 mg/L）。

将硝酸钾在 105～110 ℃下加热约 3 h，在干燥器内放至冷却后，准确称取 7.220 g，溶解于约 800 mL 纯水中，再移入 1 000 mL 容量瓶中定容。

3. 混合标液（TP：0.5 mg/L；TN：5 mg/L）。

量取总磷贮备液 0.5 mL 和总氮贮备液 5 mL 至 1 000 mL 容量瓶中定容。

4. 空白液

使用纯净水作为空白溶液。

2.3.2.2　Seres2000 总磷仪器

1. 氢氧化钠 100 g/L

溶解 100 g 氢氧化钠，待冷却后用去离子水定容至 1 L。

消耗：大约 70 mL/d。

2. 过硫酸钠 2.5 g/L

溶解 2.5 g 过硫酸钠，用去离子水调至 1 L。

消耗：大约 70 mL/d。

3. 钼酸钠 6.3 %

溶解 63 g 钼酸钠，定容至 1 L。

钼酸钠溶液必须被 0.22 μm 滤纸过滤 48 h 后使用。

消耗：约 45 mL/d。

4. 硫酸

边搅拌边缓慢将 172 mL 硫酸加入 828 mL 水中。

消耗：约 150 mL/d。

5. 对甲氨基酚

溶解 10 g 对甲氨基酚硫酸盐（米吐尔）于 500 mL 水中，加入 80 g 偏重亚硫酸钾，搅拌溶解后定容至 1 L 水中。密封避光，有毒（注意防护措施）。

消耗：约 25 mL/d。

6. 标准溶液

母液 100 mg/L：溶解 439.3 mg 磷酸二氢钾并定容至 1 L 水中。

使用液：按量程稀释。

2.3.2.3　力合总磷仪器

1. 消解液

称取 10 g 过硫酸钾固体溶于 500 mL 蒸馏水中。密闭、低温贮存于棕色玻璃瓶中。

2. 还原液

称取 10 g 抗坏血酸加入 100 mL 水中，再加 0.2 mL 丙酮，搅拌至完全溶解。密闭、低温贮存于棕色玻璃瓶中。

3. 显色剂

量取 300 mL 浓硫酸缓慢加入 300 mL 水中，边加边搅拌，冷却到室温；另称取 26 g 钼酸铵溶解于 200 mL 蒸馏水中；称取 0.7 g 酒石酸锑氧钾溶解于 200 mL 蒸馏水中，在不断搅拌下，将 200 mL 钼酸铵溶液徐徐加到 600 mL 冷却的（1+1）硫酸中，再加 200 mL 酒石酸锑氧钾溶液并混匀。密闭、低温贮存于棕色玻璃瓶中。

4. 标液（200 mg/L）

称取 0.439 4 g 预先在 110 ℃ 干燥 2 h 的磷酸二氢钾溶于 200 mL 水中，搅拌至溶解后，移入 500 mL 容量瓶中，加 5 mL（1+1）硫酸，用水稀释至标线。

2.3.3 运行维护

仪器的运行维护主要有检查、清洁和更换三种方式，下面时间表（见表 2-10，2-11，2-12）可根据具体情况略做调整。

表 2-10　总磷总氮分析仪维护周期表

维护周期	维护方式	维护内容
每两周	更换	更换试剂
	清洗	清洗采样杯及管路
每月	检查	检查注射器工作情况
每半年	更换	更换耗件
	检查	检查各部件工作情况
	清洗	清洗反应管
有必要时	更换	更换 UV 灯
		更换反应器

表 2-11　Seres2000 总磷分析仪维护周期表

维护周期	维护方式	维护内容
每两周	清洗	清洗 UV 反应室
每月	检查	检查注射器工作情况
	更换	更换试剂
	清洗	清洗测量室
每半年	更换	更换耗件
	检查	检查各部件工作情况
	清洗	清洗反应管

维护周期	维护方式	维护内容
必要时	更换	更换光学元件
		更换元器件

表 2-12　力合总磷分析仪维护周期表

维护周期	维护方式	维护内容
每周	清洁	清洁管路
	检查	检查废液桶
每两周	更换	更换试剂
每月	清洁	清洗或更换进样管路，清洗仪器液位管
每季度	检查	检查检测池清洁情况，进行清洗或更换
有必要时	更换	更换紫外反应灯

2.3.3.1　更换试剂

（1）将原剩余试剂倒入废液桶中。

（2）用新配置试剂润洗试剂瓶两次。

（3）装入新配试剂，盖好瓶盖，接通试剂管路。

（4）执行管路填充操作 2 ~ 3 次。

（5）将试剂更换情况填入表 szzd-04。

2.3.3.2　清洗采样杯及管路

（1）关闭仪器电源，排出水样杯内剩余水样。

（2）取下水样杯，用试管刷进行清洁。

（3）用纯水或自来水冲洗水样杯，然后将水样杯装回。

（4）取下需要清洁的管路及接头。

（5）用表面光滑的细铁丝将管路中的泥沙捅出，再用纯水冲洗管路内壁。

（6）清洗后重装管路及接头，进行采水测试，确保无漏水现象。

2.3.3.3　检查注射器工作情况

（1）确保仪器正常测试。

（2）观察注射器工作是否正常。

2.3.3.4　更换耗件

（1）全程关闭电源。

（2）更换八通阀转子（岛津仪器）：首先分两次松开固定螺丝；用镊子将转子夹出。

（3）安装新的转子（岛津仪器），注意转子位置和防止剩余试剂飞溅。

（4）更换五联体电磁阀（力合仪器）：将电磁阀上管路断开，线路插头断开，重新安装即可。

（5）更换泵头：用手压住泵头上的卡扣，将其拉出。

（6）断开泵头上的特氟龙管，换上新的泵头，接好特氟龙管。

（7）更换注塞头：在旧的注塞头上切两刀，取下注塞头。

（8）将新的注塞头垂直插入，重新做注射器零点检测。

2.3.3.5　检查各部件工作情况

（1）确保仪器正常测试。

（2）观察更换后的各部件工作是否正常。

2.3.3.6　更换 UV 灯

（1）全程关闭电源。

（2）卸下反应器盖上的螺丝，打开反应器盖。

（3）拔下灯的插头和橡胶盖。

（4）将新的 UV 灯装上橡胶盖，然后插到反应器上，注意插到底。

（5）插上灯的插头，恢复仪器运行。

2.3.4　测试

仪器的测试主要有校准、测试和性能审核三种方式（见表 2-13）。

表 2-13　TNP 分析仪测试周期表

测试周期	测试方式	测试内容	
		岛津 TNP、seres 总磷分析仪	力合总磷分析仪
每日	测试	—	日标样核查
每周	校准	仪器校准	空白测试
	测试	标液测试	标液测试
每年	性能审核	准确度测试	准确度测试
		精密度测试	精密度测试
		线性检查	线性检查
		检出限	检出限

2.3.4.1　力合日标样核查

参见 2.1.4.1。

2.3.4.2　仪器校准

（1）进入校正测定菜单，使仪器进入离线测定状态。

（2）零校正液直接使用纯净水。

（3）输入零校正测定的次数，一般为 3 次，开始执行校正。

（4）然后进入量程校正程序，先检查标液试剂管已正确插入，量程校正液用混合标液。

（5）输入量程校正测定的次数，一般为 3 次，执行校正。

（6）填写表 szzd-02。

2.3.4.3　力合周空白测试

参见 2.1.4.4。

2.3.4.4　标液测试

参见 2.2.4.3。

2.3.4.5　准确度测试

参见 2.1.4.8。

2.3.4.6　精密度测试

参见 2.1.4.9。

2.3.4.7　线性检查

参见 2.1.4.10。

2.3.4.8　检出限

参见 2.1.4.11。

2.3.5   注意事项

2.3.5.1   常见故障诊断

通常仪器发生故障时，仪器屏幕会有简单的提示，下表 2-14，2-15，2-16 列出常见的故障及解决方案，可采取相应的措施排除故障。

表 2-14   岛津 TNP 分析仪故障现象排除与解决方案表

故障现象	故障原因	解决方案
无法启动	电源故障	检查保险管
		检查电压值
校正失败	零点校正高	检查 UV 灯是否故障
		检查标液浓度
	零点校正值高于量程校正值	检查 UV 灯是否故障
	与上一次变化很大	检查量程校正液吸入是否正常
测定报警	测定值高于上限	检查水样吸入是否正常
	Xe 灯坏	更换 Xe 灯
测值不稳定	试剂问题	检查试剂配制和放置位置
	试剂管有气泡	确认 8 通是否拧好
	稀释水已脏	更换稀释水，更换离子交换树脂、过滤器
	试剂无法吸入	检查试剂桶

表 2-15   Seres2000 总磷分析仪故障现象排除与解决方案表

报警信息或问题	原因	解决办法
校准超时报警	校准超时	检查校准数据设置是否正确，检查对应的样品量是否充足
测量室/反应室温度报警	加热控制电路损坏，温度传感器损坏	检查对应的样品量是否充足，清洗管路
控制器温度报警	部分元件损坏，温度过高	重启仪器
蒸馏水报警	蒸馏水检测故障	检查蒸馏水是否充足，检查蒸馏水设置是否正确
空白超时报警	空白超时	检查空白数据设置是否正确，检查对应的样品量是否充足

续表

报警信息或问题	原因	解决办法
报警提示	系统其他报警	重启仪器
泵没进试剂	管路漏气或泵管粘连	用注射器向进液管加空气，将管路撑开，如果经上述方法没有解决，拆除泵的泵管，用尖嘴钳挤压泵管，避免泵管粘连
泵指针不能回到原位	微动开关故障	卸下泵体，检查微动开关，必要时更换
测量值不稳定	液路问题，泵管是否需要更换	检查试剂及去离子水是否过期或被污染；检查测量室是否干净，清洗；检查泵能否回到原位；检查排液是否通畅；更换泵管

表 2-16　力合总磷分析仪故障现象排除与解决方案表

故障现象	故障原因	解决方案
空白失败	（1）管路堵塞 （2）试剂错误 （3）泵管错误 （4）光路故障 （5）测量室加热故障 （6）程序时序错误	（1）检查疏通管路 （2）更换试剂 （3）检查更改泵管型号和安装方式 （4）检查调整入射光以及反应室位置 （5）检查修复或更换加热电阻和感温元件 （6）重新置入时序文件
校准失败	（1）标液异常 （2）空白异常 （3）电极老化 （4）光窗口污染	（1）进行标液更换或者补充 （2）重新执行空白标定 （3）更换电极 （4）检查清洁光发射端和接收端窗口
测量不稳定	（1）紫外灯故障 （2）搅拌不均匀 （3）样品异常 （4）试剂进量异常 （5）电磁阀有漏气、漏液或者堵塞现象	（1）检查更换紫外灯 （2）检查调整搅拌子位置及搅拌速度 （3）进行样品过滤等前处理 （4）检查并处理试剂管路中气泡 （5）查找电磁阀漏气节点，拧紧、疏通或者直接更换

2.3.5.2　停电异常处理

（1）若长时间停电，可能出现管路堵塞、试剂变质等，需要清洗管路和更换试剂；重新使用前需执行维修菜单中清洗选项。

（2）力合分析仪如果长时间关闭仪器，需运行维护菜单中的清洗管路流程（自动清洗方法：停机前先撤下试剂，并将所有试剂样管浸泡于蒸馏水烧杯中，进入"4维护"，输入密码888888，选择"自动清洗"），清除设备中的残留试剂，避免损坏管路。仪器停用，需拔掉电源插头，并切断外部电源。

2.3.5.3　其他

样品中的悬浊物往往含有 TP、TN，做水样比对实验时，建议用较大的水样桶，将水样完全混匀后各取一半进行仪器和实验室比对试验，尽量避免悬浊物浓度带来的误差。

岛津总磷总氮自动监测仪按国标方法增加了 UV275nm 的测定功能并提供可调的系数修正功能，但水样中的浊度会影响修正系数，给实际水样测定带来较大误差，因此使用中应根据浊度大小适时调整修正系数，以减少与实验室测试的数据误差。

2.4　五参数（pH、温度、溶解氧、电导率、浊度）

2.4.1　方法原理

2.4.1.1　pH

采用玻璃电极法进行监测。以玻璃电极为指示电极，以 Ag/AgCl 为参比电极，组成 pH 复合电极。利用 pH 复合电极电动势随氢离子活度变化而发生偏移来测定水样的 pH 值。pH 计上有温度补偿装置，用以校准温度对电极的影响。

测量范围：0.00 ~ 14.00；分辨率：0.01。

2.4.1.2　温度

1. NTC 温度探头法（WTW、YSI、力合）

采用 NTC 温度探头法进行监测。利用 NTC 热敏电阻在一定的测量功率下，电阻值随着温度上升而迅速下降，可将 NTC 热敏电阻通过测量其电阻值来确定相应的温度，从而达到检测和控制温度的目的。

测量范围：-6 ~ 40 ℃；分度为：0.2 ℃。

力合水温测量范围：0 ~ 100 ℃；分度为：0.1 ℃。

2. PT 100 电极法（Seres 2000）

利用 PT100 热电阻的温度与阻值变化关系，将 PT100 热电阻通过测量其电阻值来确定相应的温度，从而达到检测和控制温度的目的。

测量范围：0 ~ 50 ℃；分度为：0.3 ℃。

2.4.1.3 溶解氧

1. 三极式薄膜电极法（WTW、力合）

利用恒电位三极式极谱法来测试水样中溶氧值。

WTW 测量范围：0 ~ 50 mg/L；分辨率：0.01 mg/L。

力合溶解氧测量范围：0 ~ 20 mg/L；分辨率：0.01 mg/L。

2. 荧光法（YSI、Seres2000）

传感器帽的内表面涂有一层荧光材料，来自一个发光二极管（LED）发出的蓝光照射在传感器帽表面的荧光物质上，荧光物质受到激发，发出红光，由一个光电二极管来检测荧光物质回到基态所需要的时间。氧的浓度越高，传感器发出的红光越弱，荧光材料回到基态所需要的时间也就越短。氧的浓度与荧光材料回到基态的时间成反比。

测量范围：0 ~ 50 mg/L；分辨率：0.01 mg/L。

2.4.1.4 电导率

采用四级式电导池法进行监测。电导率测量仪的测量原理是将两块平行的极板，放到被测溶液中，在极板的两端加上一定的电势（通常为正弦波电压），然后测量极板间流过的电流。根据欧姆定律，电导（G）是电阻（R）的倒数，是由导体本身决定的。

测量范围：0 ~ 1 000 μS/cm（可调，最大量程 20 000 μS/cm）；分辨率：0.01 μS/cm。

力合电导率测量范围：0 ~ 2 000 μS/cm；分辨率：0.01 μS/cm。

2.4.1.5 浊度

采用 90°散射光法进行监测。浊度表示的是水中悬浮物质与胶态物质对光线透过时所发生的阻碍程度或发生的散射现象。采用波长为 860 nm 红外光，使之穿过一段水样，并从与入射光呈 90°的方向上检测被水样中的颗粒物所散射的光量，从而测试水样的浊度。

测量范围：0 ~ 1 000 NTU；分辨率：0.1NTU。

力合浊度测量范围：0～500 NTU；分辨率：0.1NTU。

2.4.2　试剂配制

五参数分析仪主要有 YSI 仪器、WTW 仪器、久环仪器（Seres2000）和力合仪器四种，见图 2-3。所需的试剂配制相同，主要用于校准，在使用前进行配制。

（a）YSI 仪器

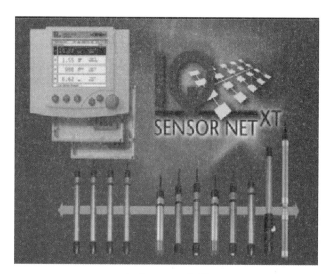

（b）WTW 仪器

（c）久环仪器（Seres 2000）

（d）力合仪器

图 2-3　五参数分析仪器

2.4.2.1 pH

1. 试剂和蒸馏水

使用分析纯或优级纯试剂，也可购买经中国计量科学研究院检定合格的袋装 pH 标准物质。

配制标准溶液所用的蒸馏水应符合下列要求：煮沸并冷却、电导率小于 2×10^{-6}S/cm 的蒸馏水，pH 在 6.7 ~ 7.3 之间为宜。

2. 标准缓冲溶液

（1）pH =4.008 标准溶液。

称取在 110 ~ 130 ℃ 干燥 2 ~ 3 h 的邻苯二甲酸氢钾 10.12 g，溶于水并稀释于 1 000 mL 容量瓶中，定容。该试剂温度为 25 ℃ 时，pH 为 4.008。

（2）pH =6.865 标准溶液。

分别称取在 110 ~ 130 ℃ 干燥 2 ~ 3 h 的磷酸二氢钾 3.388 g 和磷酸氢二钠 3.533 g，溶于水并稀释于 1 000 mL 容量瓶中，定容。该试剂温度为 25 ℃ 时，pH 为 6.865。

（3）pH =9.180 标准溶液。

称取硼砂 3.80 g，溶于水并稀释至 1 000 mL 容量瓶中，定容。该试剂温度为 25 ℃ 时，pH 为 9.180。

2.4.2.2 电导率

1. 水的质量

纯水，其电导率小于 1 μS/cm。

2. 标准氯化钾溶液

0.01 mol/L 标准氯化钾溶液：称取 0.745 6 g 于 105 ℃ 干燥 2 h 并冷却后的优级纯氯化钾，溶于纯水中，于 25 ℃ 下定容至 1 000 mL 容量瓶中。此溶液在 25 ℃ 时，电导率为 1 413μS/cm。必要时，可将标准溶液用纯水加以稀释。

2.4.2.3 溶解氧

1. 无氧水的制备

配制 250 mL 的 5%亚硫酸钠溶液，可加入适量的氯化钴作催化剂。

2. 饱和溶氧水的制备

将恒温水浴的水温恒定在所要测定的温度值上，然后用空气泵向水中连续鼓泡 2 h 以上。

2.4.2.4　浊度

1. 浊度标准溶液

购买经国家质量监督检验检疫总局批准的水质浊度标准物质。

2. 零浊度水的配制

取蒸馏水或去离子水，经孔径为 0.1 μm 或 0.2 μm 微孔滤膜反复过滤 2 次以上。

2.4.3　运行维护

仪器的运行维护主要有检查、清洗和更换三种方式，下表 2-17 可根据具体情况调整。

表 2-17　五参数分析仪维护周期表

维护周期	维护方式	维护内容
每周	清洁	清洁各电极探头、五参数仪器蓄水池
每月	补充	补充 DO 电极电解液
每半年	更换	更换 DO 电极薄膜，用清洗液清洗电极。更换浊度、DO（YSI）电极清洁刷
有必要时	更换	更换电极

2.4.3.1　清洗仪器

（1）将仪器切换至维护保养状态。

（2）将仪器从五参数蓄水池中取出，用软湿布轻轻擦拭电极薄膜或探头表面，并用纯水冲洗。

pH：① 先用 0.1M 稀盐酸溶液浸泡电极探头 5 min。② 再用温热的加有洗洁精的温水浸泡电极探头 5 min。③ 用纯水彻底漂洗干净。

DO（WTW）：用清洗液（RL/Ag-Oxi）浸泡电极探头（注意：电极头最

上方的参考电极不能接触到清洗液，否则会损坏电极），用标准配备的黄色研磨薄片磨砂面轻轻擦拭电极最顶端的一点（金阴极），用纯水漂洗。

2.4.3.2　清洗蓄水池

（1）关闭仪器，排出蓄水池内剩余水样。

（2）用刷子清洁蓄水池。

（3）用自来水冲洗干净后将电极装回，进行采水测试，确保无漏水现象。

（4）也可用反冲洗程序，对蓄水池及管路进行反冲洗。

2.4.3.3　更换电极薄膜及补充电解液

（1）WTW、力合：

① 将仪器切换至维护保养状态，取出电极。

② 清洗电极表面，旋下电极薄膜。

③ 更换新薄膜，补充电解液至八分满，用笔轻轻敲击薄膜外侧面，以赶出多余的气泡，将电极探头插入薄膜并旋紧。

④ 用纯水冲洗电极。

⑤关闭仪器维护保养菜单。

（2）YSI、Seres2000：

① 清洗电极表面，旋下老化的电极膜头。

② 更换新膜头及清洗刷，校正饱和度。

2.4.3.4　更换电极

（1）将仪器切换至维护保养状态或关闭仪器电源，从蓄水池中取出电极，清洗电极探头，用滤纸吸干电极头外壁水珠，从主电极上取下老化电极探头。

（2）取出新电极探头，在防水圈上或探头接合处的圆环上涂上硅油，安装在主电极上。

（3）用纯水冲洗电极，再用滤纸吸干电极外壁水珠。

（4）打开仪器电源进行校准。

2.4.4　测试

仪器的测试主要有校准、测试和性能审核三种方式（见表2-18）。

表 2-18　五参数分析仪测试周期表

测试周期	测试方式	测试内容
每周	校准	仪器校准
	测试	标液测试
每年	性能审核	准确度测试
		精密度测试
		比对实验
		量程漂移

2.4.4.1　仪器校准

1. WTW、力合

（1）pH。

① 进入校准菜单，可根据实际情况选择 1 点校准或 2 点校准。

② 清洗电极，将电极探头浸入相应的 pH 标准液中。

③ 启动校准程序。

④ 校准完成后，检查仪器斜率是否在规定范围内；如斜率在范围内且前后两次校准偏差相对平稳，则校准成功，否则排查故障后重新校准。

（2）DO。

① 打开仪器的维护保养界面，清洗电极。

② 将电极放在饱和湿润空气中，启动校准程序。

③ 校准完成后，检查仪器斜率是否在规定范围内；如斜率在范围内且前后两次校准偏差相对平稳，则校准成功，否则排查故障后重新校准。

（3）电导率。

电导率仪器无须校准，但需修正。

① 打开仪器的维护保养界面，清洗电极，用滤纸吸干电极上的水珠。

② 将电极探头放入电导率为 717 μS/cm 或 1 413 μS/cm 的标准液中，启动修正程序。

③ 修正完成后，关闭仪器的维护界面。

（4）温度。

温度仪器无须校准。

（5）浊度。

空白校准：① 清洗电极，用滤纸吸干电极上的水珠。② 将电极探头浸入零浊度水中，启动校准程序。③ 校准完成后，关闭仪器的维护界面。

标液校准：① 清洗电极，用滤纸吸干电极上的水珠。② 将电极探头浸入浊度标准溶液水中，启动校准程序。③ 校准完成后，关闭仪器的维护界面。

2. YSI

（1）pH。

① 进入校准菜单，使仪器进入 1 点校准或 2 点校准程序。

② 清洗电极，将电极探头浸入相应的 pH 标准液中。

③ 启动校准程序，观察实时数据显示直至稳定（保持 30 s）。

④ 校准完成后，测试标准缓冲溶液，观察测试结果是否在误差范围内，否则排查故障后重新校准。

（2）DO。

① 清洗电极。

② 将电极放在饱和湿润空气中，启动校准程序，观察实时数据显示直至稳定。

（3）电导率。

① 清洗电极，用滤纸吸干电极上的水珠。

② 将电极探头放入电导率为 717 µS/cm 或 1 413 µS/cm 的标准液中，启动校准程序，观察实时数据显示直至稳定。

③ 校准完成后，测试标准溶液，观察测试结果是否在误差范围内，否则排查故障后重新校准。

（4）温度。

温度仪器无须校准。

（5）浊度。

空白校准：① 清洗电极，用滤纸吸干电极上的水珠。② 将电极探头放入零浊度水中，启动校准程序，观察实时数据显示为 0。

标液校准：① 清洗电极，用滤纸吸干电极上的水珠。② 电极探头放入待测浊度标准溶液中，启动校准程序，观察实时数据显示直至稳定。③ 校准完成后，测试标准溶液，观察测试结果是否在误差范围内，否则排查故障后重新校准。

3. Seres2000

（1）温度。

① 进入校准菜单，可根据实际情况选择单点校准或两点校准。

② 清洗电极，放入空气中，待测量值稳定后输入当前校准值。

③ 启动校准程序。

④ 校准完成后，清洗电极并擦拭干净。

（2）pH。

① 进入校准菜单，可根据实际情况选择 1 点校准或 2 点校准。

② 清洗电极，将电极探头浸入相应的 pH 标准液中。

③ 启动校准程序。

④ 校准完成后，测试标准缓冲溶液，观察测试结果是否在误差范围内，否则排查故障后重新校准。

（3）电导率。

① 清洗电极，用滤纸吸干电极上的水珠。

② 将电极探头放入空气或者低电导率标准溶液中，启动校准程序，观察实时数据显示直至稳定。

③ 校准完成后，测试标准溶液，观察测试结果是否在误差范围内，否则排查故障后重新校准。

（4）DO。

① 清洗电极，可根据实际情况选择单点校准或两点校准。

② 将电极放在零氧水或饱和湿润空气中，启动校准程序，观察实时数据显示直至稳定。

③ 校准完成后，清洗电极并擦拭干净。

（5）浊度。

空白校准：① 清洗电极，用滤纸吸干电极上的水珠。② 将电极探头浸入零浊度水中，启动校准程序。③ 校准完成后，关闭仪器的维护界面。

标液校准：① 清洗电极，用滤纸吸干电极上的水珠。② 将电极探头浸入浊度标准溶液水中，启动校准程序。③ 校准完成后，关闭仪器的维护界面。

校准完成后填写表 szzd-02。

2.4.4.2　标液测试

参见 2.2.4.3。

2.4.4.3　准确度测试

参见 2.1.4.8。

2.4.4.4　精密度测试

参见 2.1.4.9。

2.4.4.5 比对实验

（1）在自动监测分析的同时，采集实际水样送实验室按照常规监测分析方法进行分析。

（2）比较实验室分析结果与自动监测仪器的测定结果。

（3）记录比对实验结果，并填表 szzd-06。

2.4.4.6 量程漂移

（1）连续测量零点校正液（即纯水）24 h。

（2）与初始值（最初的 3 次测定值的平均值）比较。

（3）计算 24 h 内的最大变化幅度相对于量程值的百分率（溶解氧计算最大变化幅度），并填表 szzd-13。

2.4.5 注意事项

2.4.5.1 常见故障诊断

通常仪器发生故障时，仪器屏幕会有简单的提示，下表 2-19、2-20 列出常见的故障及解决方案，可采取相应的措施排除故障。

表 2-19　五参数（WTW、力合、YSI）分析仪故障现象排除与解决方案表

故障现象	故障原因	解决方案
测试值异常（显示"OFL"或"—"）	测试值超量程	修改设置，更换量程
	测试无效	关机重启
校准失败	设置错误	检查仪器设置
	传感器组件连接错误	检查仪器连接是否正确
	电极探头被污染	清洁电极探头
	电极薄膜破裂	更换薄膜
	无电解液	添加电解液
	长时间没有校准	校准仪器
	斜率超出范围	更换薄膜或电极
	电极电压超出量程	更换薄膜或电极
测试值漂移	电极探头或测试窗口被污染	清洁电极探头或测试窗口
	蓄水池水位过浅	检查蓄水池是否漏水或被堵塞
	电极没有被完全极化或校准	极化、校准或更换电极
	电极测试面有气泡	调整电极的位置

表 2-20　Seres2000 五参数分析仪故障现象排除与解决方案

报警信息或问题	原因	解决办法
通道通信故障	电极线路连接异常或电极损坏	检测电极线路连接，更换电极
水报警	没有水样进入或水压传感器损坏	检测水路和压力开关，关闭水样报警功能
测量值不稳定	液路问题	检查电极是否干净，清洗电极，检查排液是否通畅

2.4.5.2　停电异常处理

（1）五参数仪器短暂停电，清洗电极，放入清水浸泡。

（2）若长时间停电，为保护仪器，将电极从蓄水池取出清洗后，再用专用保护罩罩住。

2.5　生物毒性

2.5.1　方法原理

2.5.1.1　发光菌法

正常的发光菌接触到水样中有毒污染物时，可影响细菌的新陈代谢，从而使细菌的发光强度减弱或熄灭。有毒物质的种类越多，浓度越高，抑制发光能力就越强。测量健康细菌与接触毒素细菌之间发光量的变化，可测出水样中是否存在有毒性物质。

1. 抑制率

用泵连续抽取生物试剂并将其与连续流动的水或废水样品进行混合，对混合水样连续进行测量。如果水样中存在有毒物质，光输出量就会降低（受到抑制）。光输出量的降低程度称为"抑制率"。抑制率（INHIBITION）通过以下关系式进行定义：

$$INHIBITION(\%) = \frac{L_0 - L_t}{L_0} \times 100$$

式中　L_0——接触水样前的光输出量；

L_t——接触水样后时间 t 时的光输出量。

2. 背景毒性/抑制率

正常情况下，水或废水即使在不存在异常毒性时也会产生一定的抑制作用，这种抑制作用就是背景毒性。报警条件只应由超过正常范围的毒性或毒性上的异常快速变化来激活。因此，背景毒性的掌握十分重要。

3. 与时间有关的响应

有些毒素可使光输出量迅速降低，而其他毒素需要与细菌接触较长时间才可得到最佳响应。为了针对广泛的毒素并获得最佳响应，生物毒性仪提供了多个接触室（盘管），并在每个接触室设置样品测量点。通常，生物毒性仪在生物试剂混合前进行光测量（PMT0），在生物试剂与水或废水混合后，在 2 min（PMT1）和 7 min（PMT2）接触时间时进行检测，如果需要，可进一步增加测量点。生物毒性分析仪及流程图如图 2-4 所示。

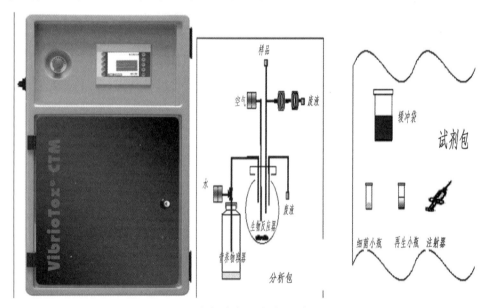

图 2-4　生物毒性分析仪及流程图

2.5.1.2　新月藻

该生物监测装置是以光合作用的原理为基础，利用新月藻进行测定。新月藻光合作用后释放出的是红色系波长荧光，用传感器测定新月藻的荧光量以检查新月藻是否进行光合作用，通过新月藻在样品中和参比水中测定的荧光量比较，确定样品毒性值。

2.5.2　试剂配制

2.5.2.1　发光菌法

1. 试剂

（1）营养液的配制（30 g/L）。

取300 g营养粉（仪器公司提供）用纯水溶解于营养液罐中，定容至10 L。

（2）培养基的配制。

取10 g营养粉放入培养基（仪器公司提供）中，用140 mL纯水溶解。

（3）盐水的配制（250 g/L）。

取2 500 g氯化钠用10 L纯水溶解于盐水瓶中。

（4）清洗液（30 g/L）。

取30 g柠檬酸用1 L纯水溶解于清洗瓶中。

（5）标准物质的配制（以锌离子计算）。

5 mg/L硫酸锌标准溶液：准确称取22 mg七水合硫酸锌溶于1 L水中。

2. 消耗包

（1）分析包。

发酵罐、空气过滤器。

（2）试剂包。

养物袋、细菌小瓶、再生小瓶、注射器。

2.5.2.2　新月藻

1. 新月藻溶液

（1）高温高压灭菌培养罐和2 L纯净水。

（2）冷却后，加入1 L灭菌后蒸馏水于培养罐中。

（3）先后加入由仪器公司提供的营养液和新月藻。

（4）加入灭菌后纯净水至培养罐的2 000 mL刻度处。

2. 标准毒物5 mg/L硫酸铜溶液（以铜计）

准确称取19.531 3 mg五水合硫酸铜溶于1 L水中。

2.5.3　运行维护

2.5.3.1　发光菌法

仪器的运行维护主要有检查、清洁和更换三种方式，下面时间表（见表

2-21）是根据经验，在正常操作的情况下制订的，可根据具体情况调整。

表 2-21　发光菌法生物毒性分析仪维护周期表

维护周期	维护方式	维护内容
每周	清洁	清洗采样杯、管路和废液桶等
	检查	检查菌种发光度，如有必要需重新注入菌种
每两周	检查	检查蠕动泵、各阀体运转情况
每月	更换	细菌、营养液、盐水
		管道替换件
每季度	更换	更换各类接头和管路
每半年	更换	蠕动泵管、夹管阀替换件、营养物瓶上的过滤器
有必要时	清洗或更换	泵头、分析仪内部管路、试剂进样管

1．清洁水样杯

（1）将仪器切换至待机界面，排出水样杯内剩余水样。

（2）取下水样杯，用试管刷进行清洁。

（3）用纯水或自来水冲洗水样杯，完成后装回，进行采水测试，确保无漏水现象。

2．清洗泵头

（1）用内六角卸掉固定泵头的两颗螺丝。

（2）将蠕动泵管的卡子取下。

（3）将泵头放入加了洗洁精、柠檬酸的水中，用毛刷等清洁泵卡里的小滚筒转子，并用清水冲洗干净。

（4）将洗好的泵头晾干后固定到设备上，再将管路压好。

3．清洗和更换仪器管路

（1）将仪器切换至待机界面。

（2）取出需要更换的管路和接头。

（3）清洗管路内部，特别是接头部分用细铜丝进行清洁，需要更换管路时取出新管路并比照原管路长度，用剪刀裁剪所需管路。

（4）按照管路图安装管路及接头，进行测试，确保无漏水现象。

4．更换细菌及营养液

（1）营养液的制备参照仪器操作手册，将新配制的营养液接入系统中。

（2）戴上手套，用乙醇（70%）喷雾将复苏液和细菌小瓶的表面消毒，再用注射器抽取再生液并加入细菌小瓶中，并将注射器针头留在小瓶中接种

20 min。

（3）用乙醇（70%）喷雾将发酵罐的注入口消毒，并使用无菌技术用注射器抽取复苏的细菌，加到生物反应器中。

（4）接通磁性搅拌器，将培养液混合。

（5）将试剂更换情况填入表 szzd-04。

2.5.3.2　新月藻

仪器的运行维护主要有检查、清洁和更换三种方式，下面时间表（见表2-22）是根据经验，在正常操作的情况下制订的，可根据具体情况调整。

表 2-22　新月藻生物毒性分析仪维护周期表

维护周期	维护方式	维护内容
每周	检查	新月藻剩余量以及存活状况；管路通畅、密闭情况；仪器接地情况；空气过滤器通畅情况；测量室与参比室同一性
	清洁	清洗测量室
每2周	检查	蠕动泵运转情况，各阀体运转情况；空气泵运转情况以及培养罐充气情况；新月藻注入情况
	清洁	清洗样水杯、过滤头以及进样管
	更换	更换新月藻和参比水
每月	更换	更换空气过滤头
每半年	更换	更换蠕动泵管；更换仪器内部管路及接头
有必要时	更换	更换蠕动泵和新月藻注入器

1. 新月藻存活状况检查

（1）目视检查：培养罐内液体颜色由绿色变浅、变白，严重者出现白色悬浮物则表示新月藻已经出现一定问题。

（2）数据检查：在确定仪器其他部分正常后，如果 YR＜0.30，表明新月藻出现问题，需要更换。

2. 清洗测量室和参比室

（1）退出系统软件。

（2）断开测量室进出管路取出测量室。

（3）使用棉签等柔软工具清洗测量室，必要时可用3%的稀盐酸淌洗。

（4）安装还原测量室，检查确保管路和测量室安装到位。

3. 测量室和参比室同一性检查

（1）清洗或者移动过测量室和参比室后需进行同一性检查。

（2）将进样管接入参比水中。

（3）采用系统工具进行管路填充。

（4）启动测试，观察 YR 与 YS 值。YR 值与 YS 值之间差值应小于 0.02。

4. 更换新月藻

（1）断开培养罐上所有管路连接，取出旧培养罐。

（2）安装含新配新月藻的培养罐，连接好管路。

（3）采用系统工具进行新月藻填充。

（4）将试剂更换情况填入表 szzd-04。

2.5.4 测试

2.5.4.1 发光菌法

仪器的测试主要有精密度测试和标准物质光损失两种方式，发光菌法生物毒性分析仪测试周期表见表 2-23。

表 2-23 发光菌法生物毒性分析仪测试周期表

测试周期	测试方式	测试内容
每次更换菌种后	测试	标准物质光损失
每年	性能测试	精密度测试
		标准物质光损失

1. 每次更换菌种后标准物质光损失测定

用 5 mg/L 硫酸锌标准溶液测定，抑制率应为 20%～80%，填写表 szzd-02。

2. 年度性能测试

（1）精密度测试。

用 5 mg/L 硫酸锌标准溶液连续测定 6 次，测定结果相对标准偏差不大于 5%，填写表 szzd-10。

（2）标准物质光损失。

用 5 mg/L 硫酸锌标准溶液连续测定 6 次，抑制率应为 20%～80%，填写表 szzd-02。

2.5.4.2　新月藻

仪器的测试主要有空白测试、标准物质测试和性能审核三种方式（见表 2-24）。

表 2-24　新月藻生物毒性分析仪测试周期表

测试周期	测试方式	测试内容
每次更换菌种后	质控	空白测试
		标准毒物测试
每年	性能审核	精密度测试
		标准物质毒性值

1．空白测试

（1）将进样管接入纯净水中。

（2）通过系统工具进行管路填充。

（3）启动测定，30 min 后记录毒性值，该毒性值应该小于 3%。

2．标准毒物测定

（1）将水样管接入配制好的标准毒物中。

（2）通过系统工具进行管路填充。

（3）启动测定，30 min 后记录毒性值，5 mg/L 硫酸铜溶液毒性值应大于 50%。

（4）填写表 szzd-02。

3．年度性能

（1）精密度测试。

用 5 mg/L 硫酸铜标准溶液连续测定 6 次，测定结果相对标准偏差不大于 5%，填写表 szzd-10。

（2）标准物质毒性值。

用 5 mg/L 硫酸铜标准溶液连续测定 6 次，毒性值应大于 50%，填写表 szzd-02。

2.5.5　注意事项

2.5.5.1　发光菌法

1．确保系统的每日清洗任务已设置并正常运行

在固定时间（1 d 或 3 d，视水样清洁情况定）间隔执行一次两步清洗程

序（先进行酸洗，然后进行冲洗），以确保分析仪中不保留生物膜或其他累积物质。

2. 严格的无菌环境

营养液的配制和细菌的复苏等环节要确保无菌操作。

3. 常见问题排除

（1）PMT 值偏低。

检查流通池中细菌是否发光，是否有水样；检查所有的管子连接是否正确，有没有泄漏，以及管子是否有堵塞，所有的泵是否在工作；检查分析仪是否处于 On-line 状态（F1 界面查看），当仪器处于清洗或校准状态时，数值输出将会变得很小，接近于 0；检查盐水是否用完，或者盐水管是否堵塞；检查所有的阀是否工作正常，确保正常运行时只有水样阀是打开的；检查流通池的温度是否在 22.5 ℃ 左右，空气流量是否为 10 ~ 20 cc/min；检查营养液筒，查看是否出现浑浊，是否被污染；若被污染，就意味着流通池中会进入别的细菌，发光细菌生长将会受阻，发光亮就会减少，必须重新配置营养液和细菌；当流通池中细菌发光明显，但所有的 PMT 值都很低，取下盖子检查光传感器是否正常，若是，并且仪器本身一切正常，则有可能是水样中存在毒性仪所无法监测的慢性毒物，这时需要验证水样是否出了问题；若 PMT0 的值很正常，但 PMT1 和 PMT2 的值都很低，检查 PMT1、PMT2 传感器是否出了问题，盘管是否有泄漏，检查所有在 PMT0 光传感器后的管路是否出了问题。

（2）光通量起伏波动剧烈。

检查水样的浊度或颜色是否有变化，如果有，请检查过滤系统是否需要清洗或替换；检查转子是否在工作，如果没有，会造成部分发光菌扎堆，引起数值波动；检查管路中是否存在空气，若存在，则会造成数值变小。

（3）某些工作界面无法进入。

检查是否是权限不够，输入密码；如果密码输入界面箭头工作不正常，需手动做屏幕校准。

（4）停电处理。

生物毒性仪使用费希尔弧菌进行分析，因菌种需要低温环境，若停电，仪器制冷模块将停止工作。若菌种长时间处在高温环境下会失去活性，需及时更换菌种；停电仪器停止运转后，管路和菌种槽会产生各种有害菌和毒素，恢复分析前需对管路和菌种槽进行灭菌和清洗。停电时间超过 3 d，应清洗仪器内部管路。

2.5.5.2 新月藻

1. 常见故障诊断

通常仪器发生故障时，仪器屏幕会有简单的提示，下表 2-25 列出常见的故障及解决方案，可采取相应的措施排除故障。

表 2-25 新月藻故障现象排除与解决方案表

故障现象	故障原因	解决方案
参比室发光量低 YR＜0.30	（1）藻用完或活性太低 （2）藻注入器故障 （3）参比室污染 （4）参比室移位 （5）藻注入量过低 （6）藻管路中有气泡	（1）更换新藻 （2）维修或者更换藻注入器 （3）清洗测量室 （4）调整测量室安装角度 （5）重新设置藻注入量 （6）检查处理管路接头；检查调整培养罐进气口高度
空白测定失败	（1）测量室异常 （2）测量室进藻异常	（1）清洁测量室、进行同一性检查 （2）检查处理管路漏气

2. 停电异常处理

如果停机 48 h 以上，应先排空管路和反应室，再用纯净水清洗测量室、参比室以及管路，排空后关闭分析仪。

2.6 重金属（铅、镉、铜、锌、砷、汞、硒）

2.6.1 方法原理

采用阳极溶出伏安法监测。在一定的电位下，使待测金属离子部分还原成金属并溶入微电极或析出电极的表面，然后向电极施加反向电压，使微电极上的金属氧化而产生氧化电流，根据氧化过程的电流-电压曲线进行分析的方法。重金属测试仪器如图 2-5 所示。

测量范围：$0 \sim 10$ mg/L；检出限：铅 1 μg/L，镉 0.1 μg/L，铜 1 μg/L，锌 1 μg/L，砷 1 μg/L，汞 0.01 μg/L，硒 0.1 μg/L。

力合仪器测量范围：铅、铜、锌、砷，$0 \sim 5$ mg/L；镉 $0 \sim 5$ mg/L；汞 $0 \sim$

100 μg/L；硒 0 ~ 5 mg/L。检出限：铅、铜、锌、砷，1 μg/L；镉、汞、硒，0.1 μg/L。

 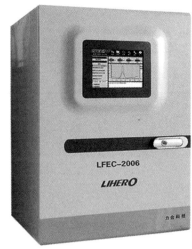

（a）APPLITEK 重金属仪　　　　　　（b）力合重金属仪

图 2-5　重金属测试仪器

2.6.2　试剂配制

Thermo 重金属分析仪器试剂用水均应为纯净水，所需试剂向仪器方购买，保存于聚乙烯瓶中（见表 2-26）。

表 2-26　试剂配制表

测量参数	As/Hg		Zn/Cd/Pb/Cu	
电解液	R-312		R-346	
校准溶液			Zn	200μg/L
	As	10μg/L	Cd	5μg/L
	Hg	10μg/L	Pb	10μg/L
			Cu	50μg/L
	0.01 mol/L HCl		0.01mol/L HCl	
其他试剂 1	0.2 mol/L KMnO₄		R-329	
工作电极	E-T Au		E-104L	
测量池	353C		104	
R-346	R-346 试剂（ZnCdPbCu）			

测量参数	As/Hg	Zn/Cd/Pb/Cu
R-329	R-329 试剂（ZnCdPbCu）	
R-312	R-312 试剂（AsHg）	
KMnO$_4$	KMnO$_4$ 溶液（AsHg）	

力合仪器试剂配制由厂家提供。

2.6.3　运行维护

仪器的运行维护主要有检查、清洁和更换三种方式，下表 2-27 可根据具体情况调整。

表 2-27　重金属分析仪维护周期表

维护周期	维护方式	维护内容	
		Thermo	力合仪器
每周	检查	观察管路中有无气泡，校正值 TAU 是否在范围内	检查工作电极表面是否有异物，如有，则重新镀膜。检查紫外消解灯工作是否正常
每两周	清洁	清洗采样杯、进样管路、试剂管路、蠕动泵管、反应室和废液桶等	清洁检测池、废液桶等
每月	更换	更换碳电极并校准	对仪器进行标样测试
每季度	更换	更换进样管路、试剂管路、AU 电极	更换参比电极中饱和 KCl 溶液
每半年	更换	更换蠕动泵管	更换进样管路、试剂等
有必要时	更换	更换卡位，润滑或更换蠕动泵转动轮	更换工作电极、电磁阀等

2.6.3.1　更换卡位

（1）从需要更换的试剂瓶中取出管路，并将管路接头放入烧杯内。

（2）取下需要更换的卡位。

（3）切换泵管卡位。

（4）装上卡子并调整松紧。

2.6.3.2 更换试剂

（1）将原剩余试剂倒入废液桶中。

（2）用新配置试剂润洗试剂瓶两次。

（3）装入新配试剂，盖好瓶盖，接通试剂管路。

（4）执行 2 次 TEST 程序操作，观察 CARRIER 上液是否正常。执行 FILLING 程序 2~3 次。

（5）将试剂更换情况填入表 szzd-04。

2.6.3.3 更换电极

（1）关闭仪器电源，取掉下端 Luer 管，用注射器把测量池中溶液抽出，取下流通池。

（2）旋开流通池下部连接件。

（3）用镊子将旧电极取出，更换上新电极，如果是 AU 电极，确保金属触点向上。

（4）装上测量池，连接上 Luer 管。

（5）打开仪器电源，进行试剂填充。

（6）活化电极，进行校准，观察 TAU 值是否正常。

2.6.3.4 清洁仪器管路及接头

（1）将仪器切换至待机界面。

（2）取下需要清洁的管路及接头。

（3）用表面光滑的细铁丝将管路中的泥沙捅出，再用纯水冲洗管路内壁。

（4）清洗后重新安装管路及接头。

2.6.3.5 清洁水样杯

（1）将仪器切换至待机界面，排出水样杯内剩余水样。

（2）取下水样杯，用试管刷清洁水样杯。

（3）用纯水或自来水将水样杯冲洗干净，完成后装回，进行采水测试，确保无漏水现象。

2.6.3.6 更换蠕动泵管

（1）旋下所有试剂管路接头并放入烧杯内。

（2）松开压力杆，从 PTFE 管上取下乳胶管，从压力杆中取出旧的泵管

（注意不要弯折塑料连接管）。

（3）安装新的蠕动泵管。

（4）安装压力杆，连接乳胶管和 PTFE 管并调整松紧，填充系统，确保无漏水现象。

2.6.3.7 添加电解液

（1）取出测量池。

（2）拧开侧面电解液螺丝。

（3）用注射器将饱和 KCl 溶液加入其中，再加入少许 AgCl 颗粒，轻弹测量池保证空气泡处于竖直管路上方。

（4）拧紧螺丝（不可太紧），防止压力过大压坏测量池。

2.6.3.8 力合添加参比电极填充液

（1）将透明管抬高至顶部，旋开留样杯。

（2）注入参比溶液（饱和 KCl）至杯子的三分之二高度，盖好留样杯。

（3）将参比电极取出，将透明管插到参比电极帽处，保证密封不漏液。

（4）参比电极为玻璃制品，安装时注意不要将它损坏。

2.6.3.9 力合工作电极打磨

（1）将抛光液倒在鹿皮上，然后手握电极在鹿皮上轻轻地画圆圈，不必用很大力。

（2）打磨完后用水冲洗电极和鹿皮，然后再次打磨电极，彻底清理掉电极上残留的抛光粉。

（3）注意不要用手触摸电极表面，以防手指的油脂残留在电极表面。

2.6.3.10 力合电极更换

（1）先在工作电极和辅助电极上分别套上密封圈。

（2）工作电极固定在检测池的下侧孔，靠近但不触碰搅拌桨底部。

（3）辅助电极固定在检测池的右侧孔，参比电极固定在检测池的上孔。

（4）电极线有三根，红色夹套的连接工作电极，黑色的连接辅助电极，黄色的连接参比电极，不可接错。

（5）不能用手触摸电极的圆盘面，以保持电极表面干净；拧紧电极螺母时不可用力过大，保证不漏水即可。

2.6.4 测试

仪器的测试主要有校准、测试和性能审核三种方式（见表 2-28）。

表 2-28 重金属分析仪测试周期表

测试周期	测试方式	测试内容
每季度	校准	仪器校准
	测试	标液测试
每年	性能审核	准确度测试
		精密度测试
		线性检查
		检出限

2.6.4.1 仪器校准

（1）先检查标液余量。

（2）进入校准菜单 calibration，启动校准程序。

（3）校准完成后，检查仪器 TAU 是否在规定范围。

（4）如在范围内且前后两次校准偏差相对平稳，则校准成功；否则排查故障后重新校准。

（5）力合仪器校准：力合仪器无须校准，更换新鲜的参比标样即可。

（6）填写表 szzd-02。

2.6.4.2 标液测试

参见 2.2.4.3。

2.6.4.3 准确度测试

参见 2.1.4.8。

2.6.4.4 精密度测试

参见 2.1.4.9。

2.6.4.5 线性检查

参见 2.1.4.10。

2.6.4.6 检出限

参见 2.1.4.11。

2.6.5 注意事项

2.6.5.1 常见故障诊断

通常仪器发生故障时，仪器屏幕会有简单的提示，下表 2-29、2-30 列出常见的故障及解决方案，可采取相应的措施排除故障。

表 2-29 Thermo 重金属分析仪故障现象排除与解决方案表

故障现象	故障原因	解决方案
无法启动	电源故障	检查保险管
		检查电压值
校准失败	标液堵塞或耗尽	检查标液余量
		检查进样管路是否堵塞
	TAU 不稳定	更换电极
	斜率超出范围	检查标液是否正确
		更换电极
测值很低	管路中气泡	检查进样管路是否堵塞，管路是否插入液面下
	试剂耗尽	检查试剂余量
测值不稳定	试剂量波动	检查管路是否有气泡

表 2-30 力合仪器重金属分析仪故障现象排除与解决方案表

故障现象	故障原因	解决方案
无法启动	电源故障	检查保险管
		检查电压值
测试值异常	参比标样浓度设置错误	重新设置参比标样浓度
波峰异常	波峰不稳定	打磨工作电极，更换参比电极填充液
	峰形出现倒立状且峰高很大	调大灵敏度，常用灵敏度为 10 μA
重合性不好	参比电极中有气泡或结晶固体太多，造成"电路不畅"	更换参比电极填充液
	管路有漏气现象，造成抽样不一致	找出漏气节点并处理

故障现象	故障原因	解决方案
重合性不好	试剂问题，主要是电解液的问题	更换试剂
	工作电极的汞层不均匀	打磨电极重新镀膜

2.6.5.2　停电异常处理

（1）重金属仪器遇到短暂停电，清洗仪器管路及测量池。

（2）若长时间停电，可能出现管路堵塞、试剂变质等，需用纯净水清洗管路、测量室，排空后关闭分析仪和进样阀。

2.7　高氯酸盐

2.7.1　方法原理

采用离子色谱法监测。高氯酸盐在线检测仪系统集成中的超声波过滤系统将水样进行超声匀化处理，再将水样经过 100 μm 的钛棒滤芯一级过滤，过滤后直接打入取样杯中，取样杯安装有 8 μm 的采样头，仪器通过采样头采集水样，打入仪器的过滤室中，经过滤室 0.45 μm 的过滤膜，经三级过滤达到仪器测试水要求。将处理好的水样送入离子色谱仪进行分析。

测量范围：0 ~ 10 mg/L；检出限：1 μg/L。

2.7.2　试剂配制

高氯酸盐分析仪配制试剂用水选用屈臣氏蒸馏水，均于使用前进行配制。

2.7.2.1　高氯酸盐标液

高氯酸盐标准使用液（50 μg/L，100 μg/L，200 μg/L，400 μg/L）。

移取浓度为 1 000 mg/L 的高氯酸盐标准溶液，用容量瓶逐级稀释并定容至所需浓度 50 μg/L，100 μg/L，200 μg/L，400 μg/L，制作标线时配制。

2.7.2.2　淋洗液

取市售氢氧化钠浓缩液,配制成 40 mol/L 的淋洗液,贮存于机柜里的 10 L

聚乙烯桶中。

2.7.3 运行维护

仪器的运行维护主要有检查、清洁和更换三种方式，下表 2-31 可根据具体情况调整。

表 2-31 高氯酸盐分析仪维护周期表

维护周期	维护方式	维护内容
每两周	清洁	清洁取水单元、仪器，清洗管路
	检查	检查管路中有无空气，压强是否足够，是否漏液等
每月	更换	更换滤纸
每季度	更换	更换新鲜淋洗液
有必要时	更换	更换进样管

2.7.3.1 排气泡

（1）逆时针旋松左侧泵头的废液阀。

（2）开泵，以工作流速冲洗至泵头下方废液管没有气泡。

（3）缓慢旋紧废液阀，待压力上升时立刻停止。

2.7.3.2 更换淋洗液

（1）将淋洗液桶、氮气瓶的压力表压强调至 0。

（2）将剩余的淋洗液倒入废液桶中。

（3）用新配制的淋洗液润洗淋洗液桶 3 次。

（4）装入新配制的淋洗液，拧紧盖子。

（5）将氮气瓶的输出压强调至 2.5 左右，将淋洗液桶的压强表调至 6 ~ 9 之间。

（6）排气泡，走基线，基线稳定在 0 左右即可。

2.7.3.3 更换定量管

（1）停泵，打开 ICS – 900 的前门。

（2）从进样阀的第 L、L 孔之间拆卸定量管。

（3）不同体积的定量管可以根据原有规格截取或延长。

（4）在进样阀的第 L、L 孔之间安装新的定量管。

2.7.3.4 更换单向阀

（1）关机，拔掉电源线。

（2）拆除连接单向阀的管路，从泵头拆除单向阀。

（3）安装新的单向阀，泵头底部是进口单向阀（P/N 045722），顶部是出口单向阀（P/N 045721）（警告：过分拧紧单向阀将损坏泵头和单向阀）。

（4）重新连接单向阀的管路，清洗泵。

2.7.4 测试

仪器的测试主要有校准、测试和性能审核三种方式（见表 2-32）。

表 2-32 高氯酸盐分析仪测试周期表

测试周期	测试方式	测试内容
每季度	校准	仪器校准
	测试	标液测试
每年	性能审核	准确度测试
		精密度测试
		线性检查

2.7.4.1 仪器校准

（1）配制新鲜的淋洗液进行更换。

（2）配制最少 3 个已知浓度的标样，重新标线。

（3）标样测试（最少测试 2 个标样，如若不准，继续重新标线）。

（4）填写表 szzd-02。

2.7.4.2 标液测试

参见 2.2.4.3。

2.7.4.3 准确度测试

参见 2.1.4.8。

2.7.4.4 精密度测试

参见 2.1.4.9。

2.7.4.5 线性检查

参见 2.1.4.10。

2.7.5 注意事项

2.7.5.1 常见故障诊断

（1）接头溶液泄漏（检查接头是否拧紧，必要时进行更换）。
（2）柱塞密封圈损坏（更换密封圈和柱塞）。
（3）进样阀漏液（更换接头或转子封存）。
（4）泵头松动（拧紧泵头的定位螺栓，不要拧太紧）。
（5）泵无法自动启动（检查电源连接和保险丝，检查 USB 的连接情况）。
（6）系统压力过高（检查管路是否有堵塞，确认接头是否拧得太紧）。
（7）保留时间异常或选择性异常（淋洗液被污染或浓度不对，清洗或更换分离柱）。

2.7.5.2 停电异常处理

（1）遇停电时，排空空气。
（2）若长时间停电，关掉泵，退出系统，关闭背板上的电源开关。开机运行时，重新配制淋洗液，并排空空气。
（3）力合分析仪如果长时间关闭仪器，需运行维护菜单中的清洗管路流程（自动清洗方法：停机前先撤下试剂，并将所有试剂样管浸泡于蒸馏水烧杯中，进入"4 维护"，输入密码 888888，选择"自动清洗"），清除设备中的残留试剂，避免损坏管路。仪器停用，需拔掉电源插头，并切断外部电源。

2.8 总砷

2.8.1 方法原理

采用新银盐分光光度法监测。硼氢化钾在酸性溶液中产生新生态的氢，将水中无机砷还原成砷化氢，使用新银盐体系为吸收液，将其中银离子还原成单质胶态银，溶液呈黄色后在 400 nm 波长下测定吸光度值 A，由 A 值查询标准工作曲线，计算 As 的浓度。

仪器测试量程为 0 ~ 50 mg/L，检出限为 0.01 mg/L。

2.8.2　试剂配制

总砷分析仪配制试剂用水选用蒸馏水或去离子水（电导率小于 2 μS/cm，密闭贮存于塑料瓶），均于使用前进行配制。

2.8.2.1　贮备液

总砷贮备液（1 000 mg/L）：称取 0.132 0 g 预先在 110 ℃ 下烘 2 h 的三氧化二砷于 50 mL 烧杯中，加 20% 氢氧化钠溶液 2 mL，搅拌溶解后，再加 10 mL 1 mol/L 硫酸溶液，用水稀释至 100 mL，密闭、低温贮存于玻璃瓶。或者购买国家标准溶液。

2.8.2.2　标液

各浓度标液通过稀释 1 000 mg/L 总砷贮备液来配制，每次稀释不得超过 100 倍。

2.8.2.3　醋酸铅棉

将 10 g 脱脂棉浸于 100 mL 10%（m/V）的醋酸铅溶液中，半小时后取出，拧去多余水分，室温下自然晾干，密闭贮存。

2.8.2.4　聚乙烯醇

往 2 000 mL 烧杯中加入 520 mL 水，煮沸后，加入 1 g 聚乙烯醇，在不断搅拌下加热溶解，完全溶解后，盖上表面皿，微沸 10 min，室温冷却，转入 500 mL 容量瓶，用水稀释至标线，密闭、低温贮存于塑料瓶中。

2.8.2.5　硝酸-硝酸银

称取 1.02 g 硝酸银于 250 mL 烧杯中，加入 100 mL 水，搅拌完全溶解后，加 10 mL 浓硝酸，加水稀释至 500 mL 标线，密闭贮存于棕色玻璃瓶。

2.8.2.6　吸收液

将上述硝酸-硝酸银、聚乙烯醇水溶液、无水乙醇三者按体积比 1∶1∶2

进行混合，搅拌均匀，密闭、低温贮存于棕色玻璃瓶。

2.8.2.7 掩蔽剂

称取 110 g 优级纯酒石酸溶于 1 000 mL 水中，搅拌溶解，密闭贮存于塑料瓶。

2.8.2.8 释放剂

称取 5 g 氢氧化钾溶于 1 000 mL 水，加入 100 g 硼氢化钾，搅拌溶解，密闭、低温贮存于塑料瓶。

2.8.2.9 消解液

量取 100 mL 浓硫酸边搅拌边缓慢倒入 900 mL 蒸馏水中，密闭贮存于玻璃瓶。

2.8.2.10 清洗液

量取 500 mL 浓硝酸边搅拌边缓慢倒入 500 mL 水中，密闭贮存于玻璃瓶。

2.8.3 运行维护

仪器的运行维护主要有检查、清洁和更换三种方式，下表 2-33 可根据具体情况调整。

表 2-33 总砷分析仪维护周期表

维护周期	维护方式	维护内容
每周	清洁	清洁电磁阀、管路接头
	检查	检查箱内废液存积情况，及时清空废液桶
每两周	更换	更换试剂
每月	清洁	清洗或更换进样管路；清洗仪器液位管
每季度	检查	检查检测池清洁情况，进行清洗或更换
有必要时	更换	更换紫外反应灯

2.8.3.1 更换试剂

（1）将原剩余试剂倒入废液桶中。

（2）用新配置试剂润洗试剂瓶两次。

（3）装入新配试剂，盖好瓶盖，接通试剂管路。

（4）执行管路填充操作 2~3 次。

（5）将试剂更换情况填入表 szzd-04。

2.8.3.2　清洗采样杯及管路

（1）关闭仪器电源，排出水样杯内剩余水样。

（2）取下水样杯，用试管刷进行清洁。

（3）用纯水或自来水冲洗干净，完成后将水样杯装回。

（4）取下需要清洁的管路及接头。

（5）用表面光滑的细铁丝将管路中的泥沙捅出，再用纯水冲洗管路内壁。

（6）清洗后重新安装管路及接头，进行采水测试，确保无漏水现象。

2.8.3.3　检查注射器工作情况

（1）确保仪器正常测试。

（2）观察注射器工作是否正常。

2.8.3.4　更换耗件

（1）全程关闭电源。

（2）更换五联体电磁阀：将电磁阀上管路断开，线路插头断开，重新安装即可。

（3）更换注塞头：在旧的注塞头上切两刀，取下注塞头。

（4）将新的注塞头垂直插入，重新做注射器零点检测。

2.8.3.5　检查各部件工作情况

（1）确保仪器正常测试。

（2）观察更换后的各部件工作是否正常。

2.8.3.6　更换紫外消解灯

（1）全程关闭电源。

（2）卸下反应器盖上的螺丝，打开反应器盖。

（3）拔下灯的插头和橡胶盖。

（4）将新的紫外灯装上橡胶盖，然后插到反应器上，注意插到底。

（5）插上灯的插头，恢复仪器运行。

2.8.4 测试

仪器的测试主要有校准、测试和性能审核三种方式（见表2-34）。

表 2-34 总砷分析仪测试周期表

测试周期	测试方式	测试内容
每日	测试	日标样核查
每周	校准	空白测试
每季度	校准	仪器校准
		标液测试
每年	性能审核	准确度测试
		精密度测试
		线性检查
		检出限

2.8.4.1 日标样核查

参见 2.1.4.1。

2.8.4.2 空白测试

参见 2.1.4.4。

2.8.4.3 仪器校准

（1）进入校正测定菜单，使仪器进入离线测定状态。

（2）零校正液直接使用稀释水。

（3）输入零校正测定的次数，一般为3次，开始执行校正。

（4）然后进入量程校正程序，先检查标液试剂管已正确插入，量程校正液用混合标液。

（5）输入量程校正测定的次数，一般为3次，开始执行校正。

（6）填写表 szzd-02。

2.8.4.4 标液测试

参见 2.2.4.3。

2.8.4.5 准确度测试

参见 2.1.4.8。

2.8.4.6 精密度测试

参见 2.1.4.9。

2.8.4.7 线性检查

参见 2.1.4.10。

2.8.4.8 检出限

参见 2.1.4.11。

2.8.5 注意事项

2.8.5.1 常见故障诊断（见表 2-35）

表 2-35　总砷分析仪故障现象排除与解决方案表

故障现象	故障原因	解决方案
空白失败	（1）管路堵塞 （2）试剂错误 （3）泵管错误 （4）光路故障 （5）测量室加热故障 （6）程序时序错误	（1）检查疏通管路 （2）更换试剂 （3）检查更改泵管型号和安装方式 （4）检查调整入射光以及反应室位置 （5）检查修复或更换加热电阻和感温元件 （6）重新置入时序文件
校准失败	（1）标液异常 （2）空白异常 （3）电极老化 （4）光窗口污染	（1）进行标液更换或者补充 （2）重新执行空白标定 （3）更换电极 （4）检查清洁光发射端和接收端窗口
测量不稳定	（1）紫外灯故障 （2）搅拌不均匀 （3）样品异常 （4）试剂进量 异常 （5）电磁阀有漏气、漏液或者堵塞现象	（1）检查更换紫外灯 （2）检查调整搅拌子位置及搅拌速度 （3）进行样品过滤等前处理 （4）检查并处理试剂管路中气泡 （5）查找电磁阀漏气节点，拧紧、疏通或者直接更换

2.8.5.2 停电异常处理

（1）若长时间停电，可能出现管路堵塞、试剂变质等，需要清洗管路和更换试剂；重新使用前需执行维修菜单中清洗选项。

（2）力合分析仪如果长时间关闭仪器，需运行维护菜单中的清洗管路流程（自动清洗方法：停机前先撤下试剂，并将所有试剂样管浸泡于蒸馏水烧杯中，进入"4维护"，输入密码888888，选择"自动清洗"），清除设备中的残留试剂，避免损坏管路。仪器停用，需拔掉电源插头，并切断外部电源。

2.9 六价铬

2.9.1 方法原理

采用二苯碳酰二肼分光光度法监测。在酸性溶液中，水样中的六价铬离子与二苯碳酰二肼反应，生成紫红色化合物，在波长540 nm处有最大吸收，在此波长下测量吸光度A，由A值查询标准工作曲线，计算六价铬的浓度。

仪器测试量程为0 ~ 20 mg/L，检出限为0.002 mg/L。

2.9.2 试剂配制

六价铬分析仪配制试剂用水选用蒸馏水或去离子水（电导率小于2 μS/cm，密闭贮存于塑料瓶），均于使用前进行配制。

2.9.2.1 贮备液

六价铬贮备液（100 mg/L）：称取预先在110 ℃干燥2 h的基准或优级纯重铬酸钾0.282 9±0.000 1 g，用水溶解后，稀释至1 000 mL，密闭、低温贮存于玻璃瓶中。或购买国家标准样品。

2.9.2.2 标液

各浓度标液通过稀释100 mg/L六价铬贮备液来配制，每次稀释不得超过100倍。

2.9.2.3 显色剂

称取 20 g 苯二甲酸酐溶于 500 mL 无水乙醇中（可用磁力搅拌器搅拌），待完全溶解后加入 1 g 二苯碳酰二肼，搅拌至完全溶解，密闭低温贮存于棕色玻璃瓶中。

2.9.2.4 调节液

在 200 mL 的蒸馏水中加入 100 mL 的浓磷酸和 100 mL 的浓硫酸，边加边搅拌，冷却至室温，密闭贮存于玻璃瓶中。

2.9.3 运行维护

仪器的运行维护主要有检查、清洁和更换三种方式，下表 2-36 可根据具体情况调整。

表 2-36 六价铬分析仪维护周期表

维护周期	维护方式	维护内容
每周	清洁	清洁电磁阀、管路接头
	检查	检查箱内废液存积情况，及时清空废液桶
每两周	更换	更换试剂
每月	清洁	清洗或更换进样管路；清洗仪器液位管
每季度	检查	检查检测池清洁情况，进行清洗或更换
有必要时	更换	更换紫外反应灯

2.9.3.1 更换试剂

（1）将原剩余试剂倒入废液桶中。
（2）用新配置试剂润洗试剂瓶两次。
（3）装入新配试剂，盖好瓶盖，接通试剂管路。
（4）执行管路填充操作 2 ~ 3 次。
（5）将试剂更换情况填入表 szzd-04。

2.9.3.2 清洗采样杯及管路

（1）关闭仪器电源，排出水样杯内剩余水样。
（2）取下水样杯，用试管刷进行清洁。

（3）用纯水或自来水冲洗干净后将水样杯装回。

（4）取下需要清洁的管路及接头。

（5）用表面光滑的细铁丝将管路中的泥沙捅出，再用纯水冲洗管路内壁。

（6）清洗后重新安装管路及接头，进行采水测试，确保无漏水现象。

2.9.3.3　检查注射器工作情况

（1）确保仪器正常测试。

（2）观察注射器工作是否正常。

2.9.3.4　更换耗件

（1）全程关闭电源。

（2）更换五联体电磁阀：将电磁阀上管路断开，线路插头断开，重新安装即可。

（3）更换注塞头：在旧的注塞头上切两刀，取下注塞头。

（4）将新的注塞头垂直插入，重新做注射器零点检测。

2.9.3.5　检查各部件工作情况

（1）确保仪器正常测试。

（2）观察更换后的各部件工作是否正常。

2.9.3.6　清洗反应容器

（1）全程关闭电源。

（2）松开卡扣。

2.9.3.7　更换紫外消解灯

（1）全程关闭电源。

（2）卸下反应器盖上的螺丝，打开反应器盖。

（3）拔下灯的插头和橡胶盖。

（4）将新的紫外灯装上橡胶盖，然后插到反应器上，注意插到底。

（5）插上灯的插头，恢复仪器运行。

2.9.4　测试

仪器的测试主要有校准、测试和性能审核三种方式（见表2-37）。

表 2-37　六价铬分析仪测试周期表

测试周期	测试方式	测试内容
每日	测试	日标样核查
每周	校准	空白测试
每季度	校准	仪器校准
		标液测试
每年	性能审核	准确度测试
		精密度测试
		线性检查
		检出限

2.9.4.1　日标样核查

参见 2.1.4.1。

2.9.4.2　空白测试

参见 2.1.4.4。

2.9.4.3　仪器校准

参见 2.3.4.2。

2.9.4.4　标液测试

参见 2.2.4.3。

2.9.4.5　准确度测试

参见 2.1.4.8。

2.9.4.6　精密度测试

参见 2.1.4.9。

2.9.4.7　线性检查

参见 2.1.4.10。

2.9.4.8　检出限

参见 2.1.4.11。

2.9.5　注意事项

2.9.5.1　常见故障诊断（见表 2-38）

表 2-38　六价铬分析仪故障现象排除与解决方案表

故障现象	故障原因	解决方案
空白失败	（1）管路堵塞 （2）试剂错误 （3）泵管错误 （4）光路故障 （5）测量室加热故障 （6）程序时序错误	（1）检查疏通管路 （2）更换试剂 （3）检查更改泵管型号和安装方式 （4）检查调整入射光以及反应室位置 （5）检查修复或更换加热电阻和感温元件 （6）重新置入时序文件
校准失败	（1）标液异常 （2）空白异常 （3）电极老化 （4）光窗口污染	（1）进行标液更换或者补充 （2）重新执行空白标定 （3）更换电极 （4）检查清洁光发射端和接收端窗口
测量不稳定	（1）紫外灯故障 （2）搅拌不均匀 （3）样品异常 （4）试剂进量异常 （5）电磁阀有漏气、漏液或者堵塞现象	（1）检查更换紫外灯 （2）检查调整搅拌子位置及搅拌速度 （3）进行样品过滤等前处理 （4）检查并处理试剂管路中气泡 （5）查找电磁阀漏气节点，拧紧、疏通或者直接更换

2.9.5.2　停电异常处理

（1）若长时间停电，可能出现管路堵塞、试剂变质等，需要清洗管路和更换试剂；重新使用前需执行维修菜单中清洗选项。

（2）力合分析仪如果长时间关闭仪器，需运行维护菜单中的清洗管路流程（自动清洗方法：停机前先撤下试剂，并将所有试剂样管浸泡于蒸馏水烧杯中，进入"4 维护"，输入密码 888888，选择"自动清洗"），清除设备中的残留试剂，避免损坏管路。仪器停用，需拔掉电源插头，并切断外部电源。

2.10 叶绿素

2.10.1 方法原理

采用荧光法监测。叶绿素的一个重要特征是它可以发荧光，即当用特定波长的光照射它时，可以发射出更高波长的光（或者更低能量）。叶绿素发荧光的能力是进行叶绿素活体测定的基础，仪器用适当波长的光束照射样品诱导叶绿素发荧光，然后检测叶绿素发射的更高波长荧光。

大多数的叶绿素系统使用峰波长在约 470 nm 的发光二极管（LED）作为激发光源，所产生的光束在光谱的可见区，是肉眼可见的蓝光，用这种蓝光照射时，在完整细胞中存在的叶绿素发射出的光在 650 ~ 700 nm 区域内。为了量化荧光信号，系统检测器通常是高灵敏度的光敏二极管，并用光学滤光片限定检测波长。如果没有滤光片，混浊的水样即使没有发荧光的浮游植物，也可能表现为含有浮游植物，使测试存在误差。

测量范围：0 ~ 400 μg/L；分辨率：0.1 μg/L。

2.10.2 试剂配制

请联系仪器供应商采购所需的 NY106023 25g/L Rhodamine WT 溶液。

2.10.3 运行维护

仪器的运行维护主要有检查、清洗和更换三种方式，下表 2-39 可根据具体情况调整。

表 2-39 叶绿素分析仪维护周期表

维护周期	维护方式	维护内容
每周	清洁	清洁电极探头、蓄水池
有必要时	更换	更换电极

2.10.3.1 清洗仪器

（1）将仪器切换至维护保养状态。

（2）将仪器从五参数蓄水池中取出，用软湿布轻轻擦拭电极薄膜或探头表面，并用纯水冲洗。

2.10.3.2　清洗蓄水池

（1）关闭仪器，排出蓄水池内剩余水样。

（2）用刷子清洁蓄水池。

（3）用自来水冲洗干净后将电极装回，进行采水测试，确保无漏水现象。

（4）也可用反冲洗程序，对蓄水池及管路进行反冲洗。

2.10.3.3　更换电极

（1）将仪器切换至维护保养状态或关闭仪器电源，从蓄水池中取出电极，清洗电极探头，用滤纸吸干电极头外壁水珠，从主电极上取下老化电极探头。

（2）取出新电极探头，在防水圈或探头接合处的圆环上涂上硅油，安装于主电极上。

（3）用纯水冲洗电极，再用滤纸吸干电极外壁水珠。

（4）打开仪器电源进行校准。

2.10.4　测试

仪器的测试主要有校准、测试和性能审核三种方式（见表 2-40）。

表 2-40　叶绿素分析仪测试周期表

测试周期	测试方式	测试内容
每周	校准	仪器校准
	测试	标液测试
每年	性能审核	准确度测试
		精密度测试
		比对实验
		量程漂移

2.10.4.1　仪器校准

1. 空白校准

① 清洗电极，用滤纸吸干电极上的水珠。

② 将电极探头放入蒸馏水中，启动校准程序，观察实时数据显示为 0。

③ 校准完成后填写表 szzd-02。

2. 标液校准

① 清洗电极，用滤纸吸干电极上的水珠。

② 电极探头放入待测 NY106023 25g/L Rhodamine WT 溶液中，启动校准程序，观察实时数据显示直至稳定。

③ 校准完成后，测试标准溶液，观察测试结果是否在误差范围内，否则排查故障后重新校准。

④ 校准完成后填写表 szzd-02。

2.10.4.2 标液测试

参见 2.2.4.3。

2.10.4.3 准确度测试

参见 2.1.4.8。

2.10.4.4 精密度测试

参见 2.1.4.9。

2.10.4.5 比对实验

参见 2.4.4.5。

2.10.4.6 量程漂移

（1）按仪器规定的测量范围均匀选择 6 个浓度的标准溶液（包括空白）。

（2）按样品分析方式测试。

（3）将测试结果填入 szzd-13，并计算其相关系数。

2.10.5 注意事项（停电异常处理）

（1）若短暂停电，清洗电极，放入清水中浸泡。

（2）若长时间停电，为保护仪器，将电极从蓄水池取出清洗，用专用保护罩罩住。

2.11 站房及配套系统

2.11.1 水站站房

为保障水质自动监测站的稳定良好运行，站房仪器设备间温度要 24 h 保持在 15 ~ 25 ℃，温度变化率＜5 ℃/h；湿度要 24 h 保持 40% ~ 70%。保持各仪器干净清洁，内部管路通畅，出水正常。对于各类分析仪器，应防止日光直射，保持环境温度稳定，避免仪器振动。

2.11.2 采水系统

采水系统的日常维护通常有检查、清洁和更换几种方式，且采水系统的维护周期应根据水质情况增加或减少频次，如表 2-41 所示。

表 2-41 采水系统日常维护周期表

维护周期	维护方式	维护内容
每月	检查	（1）检查取水口，采水设备和输水管线是否有漏水和堵塞现象，防止折叠和堵塞，防止人为的偷盗和破坏，清除四周杂物；在泥沙含量大或藻类密集的水体断面应视情况缩短清洗时间间隔 （2）检查自吸泵储水罐中是否有水 （3）检查电机后面风叶转动是否灵活、均匀并清除异物 （4）根据管路压力判断水泵运行情况
	清洁	（1）清洗电动球阀和电磁阀 （2）清洗维护采水管路，防止漏水和堵塞
每季度	检查	（1）检查水泵线缆连接情况 （2）检查水泵泵体的清洁情况、内部风叶运转及水量情况，进行必要清洗 （3）检查取水管路，特别是潜入水中的管道部分，防止折叠、堵塞
	清洁	（1）清洗潜水泵泵体、吊桶或自吸泵取水头，清除隔栅网杂物 （2）清理管路周边杂物，泥沙含量大或藻类密集的断面应视情况决定清洗时间间隔

维护周期	维护方式	维护内容
每半年	检查	半年巡检，开展全面的检查保养和隐患排除
每年	更换	维护维修或更换取水泵
必要时	更换	管路接头、电路的空气开关和稳压器

2.11.3 配水系统

配水系统的维护方式通常为检查、清洁和更换，如表2-42所示。

表 2-42　配水系统日常维护周期表

维护周期	维护方式	维护内容
每月	检查	检查配水管路（包括灭藻装置）工作情况，是否有滴漏、气泡现象，根据水质情况进行清洗；检查配水系统是否充分清洗管路，保证配水管路中水样的代表性（没有前一次水样残存）
		检查气泵和清水增压泵工作状况，根据其使用情况进行维护
		检查球阀运行状况，在不影响系统运行的前提下采用手动方式开关几次配水管路中的所有手动球阀和电磁阀，清除阀内杂物，防止堵塞
		检查上水量。通过管道的压力表检查各水泵是否能达到原设计供水量、供水压力等
		检查沉淀池、过滤器、水杯和进样管是否有进行滴漏现象并进行清洗和检漏
每季度	检查	检查空气压缩机（清洗设备）的气泵和清水增压泵的工作状况，根据其使用情况进行维护；检查除藻装置中的除藻剂的有效性和使用量，及时进行更换和补充
每半年	检查	开展全面的检查保养和隐患排除
每年	更换	维护维修或更换各类泵、电磁阀、球阀和过滤装置等

2.11.4 控制系统

控制系统的维护方式通常为检查、清洁和更换，如表2-43所示。

表 2-43　控制系统日常维护周期表

维护周期	维护方式	维护内容
每月	检查	检查外接电源及 UPS 的输出是否符合技术要求，即电压 220V±10%，接地电阻<5 Ω（零、地电压<5V）。对 UPS 电源定期进行充放电。突发异常情况须及时排查，及时报告，做好记录
		检查数据库软件是否运行正常，记录数据是否与系统的设置一致，并进行备份
		检查信号传输是否正常，通过启动控制信号检查控制件是否正常工作
		进行计算机杀毒、清理系统垃圾
		对网络进行检查维护，保障网络正常工作、数据传输的稳定
每季度	检查	检查数据记录的完整性并备份数据库
每半年	检查	开展全面的检查保养和隐患排除
每年	更换	维护维修或更换继电器和传感器等

2.11.5　辅助系统

辅助系统的维护方式通常为检查、清洁和更换，如表 2-44 所示。

表 2-44　辅助系统日常维护周期表

维护周期	维护方式	维护内容
每月	检查	检查压缩机的工作状况，根据其使用情况进行维护，定期放水、检压
		检查温湿度传感器是否测试正常，并通过启动空调调节站房温湿度
		检查除藻剂的有效性和使用量
		检查自动留样装置是否正常运行以及留样瓶是否齐全
		检查防雷设备的接口是否稳固
		检查灭火设施的使用失效时间，对失效或过期的灭火设施及时更换
	清洁	对空调的过滤网进行必要的清洗、维护
		对站房内各设备外壳、文件柜和试验台等进行清洁

维护周期	维护方式	维护内容
每季度	检查	检查空气压缩机（清洗设备）的气泵和清水增压泵的工作状况，根据其使用情况进行维护；检查除藻装置中的除藻剂的有效性和使用量，及时进行更换和补充
每半年	检查	半年巡检，开展全面的检查保养和隐患排除
每年	检查	检查温湿度传感器，对空调、除湿机进行全面的清洗；检查除藻装置射流混合器和计量泵的运行状况，进行必要的维修和更换；检查维护稳压电源和继电器
		请专业机构人员对防火、防盗、防雷设施进行检测和维护

2.11.6　注意事项

2.11.6.1　常见故障诊断

1. 采水异常处理

（1）采水泵压力不够或上不了水。检查采水管路是否有漏水或接头脱落，若有，及时更换管路，加固接头，检查采水泵是否能正常工作，采水泵有故障要及时更换。

（2）采集的水样泥沙太多或水泵搁浅。该类情况通常发生在旱季水位下降较多、水泵采用岸边固定方式的情况下，检查采水泵是否被泥沙掩埋或搁浅，及时将水泵放入水中。

（3）采水泵无法启动。检查采水泵电源是否打开，电源线是否有损坏漏电，确保安全的情况下用万用表检测泵接头处电压是否正常，检查采水泵是否有故障，电源线和采水泵出现问题建议直接更换。

2. 配水异常处理

（1）配水管路出现滴漏和气泡现象。检查各接头、沉淀池、过滤器和水杯连接处是否有松脱，必要时重新连接。

（2）气泵和清水增压泵若出现故障，建议请厂家人员维修或直接更换新设备。

（3）沉淀池和水杯水量出现异常。检查配水管路中各球阀是否能正常工作，定期清洗球阀，必要时进行更换。

3．控制系统异常处理

（1）空气开关自动关闭后手动无法打开。电路中有漏电的电源线或设备，全面检查并排除故障后再打开电源。

（2）工控机无法存储数据。检查内存是否已满，及时备份数据库。

（3）工控机反应较慢。检查工控机是否感染了病毒，及时杀毒和清除系统垃圾。

（4）工控机上取得的数据和仪器显示数据不一致。检查工控机软件是否死机，检查工控机上的软件设置是否正确。

4．辅助系统异常处理

（1）灭火器失效、除藻剂失效应及时更换；温湿度传感器不显示、空调遥控器无反应等问题及时更换耗材。

（2）防雷检查未通过。检查防雷设备接口是否牢固，必要时更换接地线。

（3）空调制冷效果不好。清洗空调过滤网，若无效果，请专业人士清洗空调外机并添加制冷剂。

2.11.6.2　停电异常处理

（1）监测仪器、工控机、空调等均应有来电自启动功能，在电力恢复后应能及时自动启动仪器，如无法正常启动，应及时处理。

（2）查看仪器是否通电，查看仪器的电源指示灯是否亮起。

（3）仪器未通电，断开仪器的电源线，检查站房内的电力线路及配电箱内的空气开关是否正常使用，查找出原因后及时维修或更换。

（4）如果仪器电源指示灯亮起，关闭仪器的开关，断开电源 1 min 后，再重新启动，如仍无法正常启动，则对仪器进行检查或者维修。

3 系统管理

3.1 运行管理

水站的运行管理工作应明确专职运行管理人员，并建立水质自动监测运行管理规章制度。水站的技术人员应熟练掌握自动监测系统的日常操作和维护，定期参加相关的技术培训。

3.1.1 每日工作

实施"日监视"工作，每日至少两次对水站运行条件及设备运行状况进行远程监视，对站点运行情况进行远程诊断和运行管理，水站每日运行管理工作见表 3-1。当系统出现异常或故障时，填写"szzd-05 水质自动监测系统异常、故障报告"。

表 3-1　水站每日运行管理工作表

工作内容	填写表格（需要时）
（1）检查数据采集与传输状况	szzd-05 水质自动监测系统异常、故障报告
（2）根据电压、室内温湿度判断水站运行条件	
（3）根据报警信号和仪器主要技术参数判断仪器运行情况	

3.1.2 每周工作

自动监测实施"周巡检、周校准"工作，巡检工作要做到认真、仔细、周全。每周至少对水站运行条件和各类仪器设备状况进行一次现场检查，及时发现并排除发生的故障和存在的安全隐患，并开展仪器清洗维护等工作，具体内容见表 3-2。

表 3-2　水站每周运行管理工作表

工作内容	填写表格
（1）运行条件：检查电压、室内温湿度，清理除湿机废液桶，如有必要需对空调温度设置进行调整	
（2）五参数：清洗分析仪蓄水池和电极探头	
（3）氨氮：更换分析仪卡位	
（4）高锰酸盐指数（UV 法）：检查空气管路通畅、密闭情况，控制器拧紧情况，空气泵运转情况，自动清洗效果，指纹图情况等。清洗采水箱、检测探头	
（5）高锰酸盐指数（酸性法）：检查试剂剩余量，管路通畅、密闭情况，反应室清洁情况，仪器接地情况。清洗样水杯以及进样管，根据情况清洗反应室	szzd-03 水质自动监测系统运行管理工作记录表
（6）生物毒性（发光菌）：检查菌种发光度，如有必要需重新注入菌种，清洗生物毒性仪采样杯、管路和废液桶等	
（7）生物毒性（新月藻）：检查新月藻剩余量以及存活状况，管路通畅、密闭情况，仪器接地情况，空气过滤器通畅情况，测量室与参比室同一性等。清洗测量室	
（8）重金属：观察管路中有无气泡，检查校正值 TAU 是否在范围内	

3.1.3　每两周工作

每两周对水站仪器运行所需试剂或电解液等进行添加更换，对分析仪采样杯、管路、反应室等运行状况进行检查、维护和清洗，具体内容见表 3-3。

表 3-3　水站每两周运行管理工作表

工作内容	填写表格
（1）试剂：更换各分析仪试剂	（1）szzd-03 水质自动监测系统运行管理工作记录表
（2）氨氮：添加更换电解液。清洗采样杯、进样管路、试剂管路、蠕动泵管、反应室和废液桶等	
（3）高锰酸盐指数（酸性法）：检查蠕动泵、各阀体运转情况。清洗采样杯、进样管路、试剂管路、蠕动泵管、反应室和废液桶等	（2）szzd-04 水质自动监测系统试剂更换记录表

续表

工作内容	填写表格
（4）生物毒性（发光菌）：检查蠕动泵、各阀体运转情况	（1）szzd-03 水质自动监测系统运行管理工作记录表 （2）szzd-04 水质自动监测系统试剂更换记录表
（5）生物毒性（新月藻）：检查新蠕动泵、空气泵、各阀体运转情况、培养罐充气情况、新月藻注入情况等。清洗样水杯、过滤头以及进样管。更换新月藻和参比水	
（6）总磷总氮：清洗采样杯及管路	
（7）重金属：清洗采样杯、进样管路、试剂管路、蠕动泵管、反应室和废液桶等	
（8）高氯酸盐：清洁取水单元、仪器，清洗管路，检查管路中有无空气、压强是否足够、是否漏液等	

3.1.4　每月工作

在做好日常监视与巡检工作的同时，每月还应对部分仪器进行检查及清洗，具体内容见表3-4。

表 3-4　水站每月运行管理工作表

工作内容	填写表格
（1）检查各仪器蠕动泵工作情况，必要时更换蠕动泵	（1）szzd-03 水质自动监测系统运行管理工作记录表 （2）szzd-05 水质自动监测系统异常、故障情况报告
（2）五参数：补充 DO 电极电解液	
（3）氨氮：清洗采样杯、管路及接头	
（4）高锰酸盐指数（酸性法）：检查光源、ORP 电极电位值情况	
（5）高锰酸盐指数（UV 法）：检查、清洗和维护探头测量窗口	
（6）生物毒性（发光菌）：更换菌种、营养液、试剂、盘管和三通接头等	
（7）生物毒性（新月藻）：更换空气过滤头	
（8）总磷总氮：检查注射器工作情况	
（9）重金属：更换碳电极并校准，清洗管路、接头、采样杯	
（10）高氯酸盐：更换滤纸	

工作内容	填写表格
（11）采水系统：检查取水口，清除采水设备四周杂物；根据管路压力判断水泵运行情况，检查自吸泵储水罐中是否有水，检查电机后面风叶转动是否灵活、均匀并清除异物；清洗电动球阀和电磁阀；清洗维护采水管路，防止漏水和堵塞	
（12）配水与进水系统：检查配水管路（包括灭藻装置）工作情况，根据样品污染情况进行清洗；检查气泵和清水增压泵工作状况，根据其使用情况进行维护；检查配水系统是否充分清洗管路，保证配水管路中水样的代表性（没有前一次水样残存）；在不影响系统运行的前提下采用手动方式开关几次配水管路中的所有手动球阀和电磁阀，清除阀内杂物，防止损坏阀体；通过管道的压力变送器检查各水泵是否能达到原设计供水量、供水压力等；对蓄水和过滤装置，包括沉淀池、过滤器、水杯和进样管等进行必要清洗	（1）szzd-03 水质自动监测系统运行管理工作记录表 （2）szzd-05 水质自动监测系统异常、故障情况报告
（13）控制系统：检查外接电源及 UPS 的输出是否符合技术要求，即电压 220 V±10%，接地电阻＜5 Ω（零、地电压＜5 V），突发异常情况须及时排查；检查数据库软件是否运行正常，记录数据是否与系统的设置一致，并进行备份；检查信号传输是否正常，通过启动控制信号检查控制件是否运作正常；对数据传输网络进行检查维护以保障数据传输的稳定，对工控机进行内存清理和杀毒	
（14）辅助系统：检查空气压缩机、温湿度传感器是否测试正常；检查除藻装置的除藻效果，调节计量泵和除藻剂浓度，保证除藻效果；检查自动留样装置是否正常运行以及留样瓶是否齐全；检查 UPS 的指示灯及输出是否符合技术要求，即电压 220 V±10%，突发异常情况须及时排查；检查防雷设备的接口是否稳固	

3.1.5　每季度工作

每季度对各仪器进行一次停机维护，更换部分仪器接头、膜头、进样管路和试剂管路等，对采水系统、配水与进水系统和辅助系统中的主要零部件

（水泵、阀体、压缩机、增压泵等）进行全面的检查和维护，并开展水站试剂配制、试剂更换、仪器操作、记录填写等运行管理全过程工作检查，具体内容见表 3-5。

表 3-5　水站每季度运行管理工作表

工作内容	填写表格
（1）对各分析仪器进行停机维护，重新启动仪器须进行重新校准	
（2）氨氮：更换电极膜头、分析仪卡位、进样管路、试剂管路	
（3）高锰酸盐指数（酸性法）：更换进样管路、试剂管路等	
（4）生物毒性（发光菌）：更换各类接头和管路	
（5）重金属：更换进样管路、试剂管路、AU 电极	
（6）高氯酸盐：更换新鲜淋洗液，重新制作标线	
（7）采水系统：清洗潜水泵泵体、吊桶或自吸泵取水头，清除隔栅网杂物；检查水泵线缆连接情况；检查水泵泵体的清洁情况、内部风叶运转及水量情况，进行必要清洗；检查取水管路，特别是潜入水中的管道部分，防止折叠、堵塞；清理管路周边杂物，泥沙含量大或藻类密集的断面应视情况决定清洗时间间隔	（1）szzd-03 水质自动监测系统运行管理工作记录表　（2）szzd-05 水质自动监测系统异常、故障情况报告
（8）配水与进水系统：在不影响系统运行的前提下（建议关闭系统）开关 2～3 次配水管路中的所有球阀，检查配水管路各电动球阀的运作情况，清除阀内杂物，防止损坏阀体，防止堵塞，清洗阀体	
（9）辅助系统：检查空气压缩机（清洗设备）的气泵和清水增压泵的工作状况，根据其使用情况进行维护；检查除藻装置中除藻剂的有效性和使用量，及时进行更换和补充	
（10）试剂配制：检查实验室纯水机日常维护、耗品耗材更换情况，试剂配制所使用的纯水当日制取；所使用的试剂纯度必须达到相应级别，且在有效期内；标准贮备溶液必须是在有效期内，除有明确的规定外，有效期一般不得超过三个月；试剂配制过程需符合实验室基本操作规范	

工作内容	填写表格
（11）试剂更换：定期更换试剂，除有明确的规定外，试剂更换周期一般不得超过 15 d；试剂更换前需使用纯水和毛刷仔细洗刷试剂瓶，高锰酸盐指数需使用 10%盐酸羟胺溶液洗脱试剂瓶内的附着物，重金属需使用酸类溶液清洗试剂瓶内的金属盐类物质	（1）szzd-03 水质自动监测系统运行管理工作记录表 （2）szzd-05 水质自动监测系统异常、故障情况报告
（12）仪器操作：检查技术人员仪器操作情况，仪器的操作和使用应熟练、规范	
（13）记录填写：检查技术人员记录填写情况，记录填写应规范、内容完整	

3.1.6 每半年工作

每半年对水站进行一次全面的检查保养和隐患排除，更换已到期或性能不能满足要求的各类分析仪零配件，具体内容见表 3-6。

表 3-6 水站每半年运行管理工作表

工作内容	填写表格
（1）对水站各类仪器和系统进行全面的检查保养和隐患排除	（1）szzd-03 水质自动监测系统运行管理工作记录表 （2）szzd-05 水质自动监测系统异常、故障情况报告
（2）五参数：更换 DO（WTW）电极膜头，用清洗液、研磨薄片清洗电极。更换浊度、DO（YSI）电极清洁刷	
（3）氨氮：更换蠕动泵管、进样管路、试剂管路、T 型件等	
（4）高锰酸盐指数（酸性法）：更换蠕动泵管、仪器内部管路及接头。	
（5）生物毒性（发光菌）：更换蠕动泵管、夹管阀替换件、营养物瓶上的过滤器	
（6）生物毒性（新月藻）：更换蠕动泵管、仪器内部管路及接头	
（7）总磷总氮：检查 Xe 灯工作情况和监测池是否漏液，清洗反应管，更换 8 通阀转子、泵头、柱塞头等	
（8）重金属：更换蠕动泵管	

3.1.7 每年工作

每年对水站各仪器及系统主要零部件进行维护维修或更换，以提前发现问题，并按要求更换备件；此外，应请专业机构人员对防火、防盗、防雷设施进行监测和维护，具体内容见表3-7。

表 3-7 水站每年运行管理工作表

工作内容	填写表格
（1）五参数：更换 DO（EXO）电极传感器膜盖，更换 DO（YSI）电极溶解氧膜，更换 pH（EXO）电极传感器模块。有必要时更换五参数电极	
（2）氨氮：有必要时更换电极	
（3）高锰酸盐指数（酸性法）：有必要时更换电极	
（4）生物毒性（发光菌）：有必要时更换蠕动泵	
（5）生物毒性（新月藻）：有必要时更换蠕动泵和注入器	（1)szzd-03 水质自动监测系统运行管理工作记录表
（6）总磷总氮：有必要时更换反应管、UV 灯	
（7）重金属：更换卡位，润滑或更换蠕动泵转动轮	
（8）高氯酸盐：必要时更换进样管	（2）szzd-05 水质自动监测系统异常、故障情况报告
（9）采水系统：维护维修或更换取水泵	
（10）配水与进水系统：维护维修或更换各类泵、球阀和过滤装置等	
（11）控制系统：维护维修或更换继电器和传感器等	
（12）辅助系统：检查温湿度传感器，对空调、除湿机进行全面的清洗；检查除藻装置射流混合器和计量泵的运行状况，进行必要的维修和更换；检查维护稳压电源和继电器；请专业机构人员对防火、防盗、防雷设施进行检测和维护	

3.2 质量控制

水站实施"日监视、周核查、季度检查、年审核"的日常质量控制制度。应根据水质自动监测工作任务，制订年初质量控制工作计划，配置质量控制所需的仪器设备、有证标准物质和实验室，严格按照计划开展水站的日常质量控制工作并做好相关记录，年底对全年水站质量控制工作完成情况进行全面总结。

3.2.1 每日工作

每日至少两次对水站运行条件、设备运行状况及分析仪自校情况进行远程监视，发现异常情况需及时采取措施，并填写"szzd-05 水质自动监测系统异常、故障情况报告"。日监视工作内容见表3-8。

表3-8 日监视工作内容表

工作内容	评价标准	填写表格（需要时）
至少两次对水站运行条件、设备运行状况及分析仪自校情况进行远程监视	检查水站系统和仪器设备运行状况，异常情况需及时采取措施	szzd-05 水质自动监测系统异常、故障情况报告

3.2.2 每周工作

每周至少一次对水站运行条件和各类仪器设备状况进行现场检查，判断其运行是否正常，并使用与实际水样浓度接近的有证标准物质或自配质控样品对分析仪进行测试，其中高锰酸盐指数（UV法）每两周进行一次本地标定，重金属、高氯酸盐质控每季度进行一次，生物毒性质控每次更换菌种或藻类后进行。不满足控制范围的指标需对分析仪进行重新校准，所有测试结果均应在水站数据平台中进行保存和标记，并填写记录。每周质控工作内容见表3-9。

表3-9 周质控工作内容表

工作内容	评价标准		填写表格
	有证标准物质	自配质控样品	
（1）pH质控	允许不确定度	绝对误差≤±0.1	
（2）电导率质控	允许不确定度	相对误差≤±10%	
（3）高锰酸盐指数（酸性法）质控	允许不确定度	相对误差≤±10%	szzd-02 水质自动监测系统仪器校准和标液核查记录表
（4）高锰酸盐指数（UV法）质控	—	实验室测定水样，进行本地标定	
（5）氨氮质控	允许不确定度	相对误差≤±10%	
（6）总磷质控	允许不确定度	相对误差≤±10%	

工作内容	评价标准		填写表格
	有证标准物质	自配质控样品	
（7）总氮质控	允许不确定度	相对误差≤±10%	
（8）重金属质控	允许不确定度	相对误差≤±10%	
（9）高氯酸盐质控	允许不确定度	相对误差≤±10%	szzd-02 水质自动监测系统仪器校准和标液核查记录表
（10）生物毒性（发光菌）质控	—	抑制率 20%～80%	
（11）生物毒性（新月藻）质控	—	毒性值＞50%	

3.2.3　每年工作

每年对水站分析仪至少进行一次性能审核，对其准确度、精密度、漂移、线性、检出限等进行检查测试，具体内容见表 3-10。

性能审核前应对水站运行条件及分析仪自身状况进行检查，如不满足要求，则应处理维护后再开展性能审核工作。用于审核的标准物质必须是国家有证标准物质（或按规定方法配制的标准溶液），且在有效期内。用于比对实验的仪器设备必须通过相关部门检定，且在有效期内。

性能审核结果不满足要求的，需对分析仪进行全面检查和维修后再次进行性能审核，直至审核结果满足要求。各分析仪性能审核周期为 1 年，若分析仪器经重大维修、更换相关部件或对仪器性能有怀疑时，应随时进行审核。

表 3-10　每年质控工作内容表

工作内容	评价标准	填写表格
（1）水温审核	比对实验：相对误差＜±20%	（1）szzd-06 水质自动监测系统比对实验结果统计表
（2）pH 审核	（1）准确度：测试结果在有证标准物质允许不确定度范围内（或与按规定方法配制标准溶液标准值的绝对误差≤±0.1） （2）精密度：相对标准偏差≤±5%	
（3）溶解氧审核	（1）精密度：相对标准偏差≤±5% （2）量程漂移：偏差＜±0.3 mg/L	（2）szzd-10 水质自动监测系统分析仪精密度和准确度测定记录表
（4）电导率审核	（1）准确度：测试结果与标准值的相对误差≤±10%	
（5）浊度审核	（2）精密度：相对标准偏差≤±5%	

工作内容	评价标准	填写表格
（6）高锰酸盐指数审核	（1）准确度：测试结果与标准值的相对误差≤±10% （2）精密度：相对标准偏差≤±5% （3）线性：相关系数＞0.998 （4）检出限：实际测试检出限达到仪器说明书或招标相关要求	（3）szzd-11水质自动监测系统分析仪线性检查记录表 （4）szzd-12水质自动监测系统分析仪检出限测定记录表 （5）szzd-13水质自动监测系统分析仪量程漂移测定记录表
（7）氨氮审核		
（8）总磷审核		
（9）总氮审核		
（10）重金属审核		
（11）高氯酸盐审核	（1）准确度：测试结果与标准值的相对误差≤±10% （2）精密度：相对标准偏差≤±5% （3）线性：相关系数＞0.998	
（12）生物毒性（发光菌）	（1）精密度：相对标准偏差≤±5% （2）标准物质光损失：抑制率为20%～80%	
（13）生物毒性（新月藻）	（1）精密度：相对标准偏差≤±5% （2）标准物质毒性值：毒性值＞50%	

3.2.4 质控措施频次要求

水站各种质控实验需严格按照频次要求开展，实验结果必须如实记录并存档备查，具体要求见表3-11。

表3-11 水站质控措施实施频次要求一览表

项目	标液核查	性能审核
水温	—	每年
pH	每周	每年
溶解氧	—	每年
电导率	每周	每年
浊度	—	每年
高锰酸盐指数（酸性法）	每周	每年
高锰酸盐指数（UV法）	每两周（本地标定）	每年
氨氮	每周	每年
总磷	每周	每年
总氮	每周	每年

续表

项目	标液核查	性能审核
重金属	每季度	每年
高氯酸盐	每季度	每年
生物毒性（发光菌）	更换菌种后	每年
生物毒性（新月藻）	更换藻类后	每年

3.2.5 年度计划及总结

水站管理单位应设立运行管理部门，制订年度质量管理计划，每年 1 月 15 日前上报本年度质量管理计划，本年度质量管理工作严格按照计划执行。

每年底对本年度辖区内水站的质量管理工作进行总结，并于 12 月 30 日前将本年度质量管理工作总结报告上报上级环境管理单位。

3.3 运行监督

省级环境管理单位依托各级环境管理部门对辖区内水站进行运行监管，有效提升水站运行的可靠性和获取数据的准确性。监督检查方式包括月通报、月比对、月考核、管理巡检、密码样考核、飞行检查等方面。

省级环境管理单位对辖区内省控水站的数据质量、运行监督结果应进行每月通报，并抄送上级环境管理单位，对发现的问题及时要求整改。

3.3.1 日检查

通过远程控制软件，查看水站仪器及数据情况。将水站仪器原始数据与上传数据进行对比，检查是否有篡改数据、仪器是否运行正常、是否进行校准等情况，或远程查看水站视频系统影像，检查现场工作情况，每日至少检查一次。

不定时监控水站监测数据，关注水质变化情况，分析数据变化规律，每日 12 时前在水站数据平台中完成前一日数据的审核确认工作。发现异常时做好记录，填写表格"szzd-01 水质自动监测系统数据审核异常记录表"，需要时填写"szzd-09 水质监测快报"。

3.3.2 月通报

全省水站严格执行月通报制度，每月 10 日前对水站上月实际水样自动监测数据的上传率、有效率、审核率进行统计，并对上传率、有效率、审核率不足 90%的站点进行通报，通报结果作为年终考核的重要内容之一。

连续两月被通报的站点，根据通报情况，其责任方应提交正式的书面整改报告，内容包括：原因分析、整改措施和整改期限等，次月的通报中对其整改完成情况进行评价。

连续 3 月或一年中累计 4 次被通报的站点，根据通报情况，约谈其相关责任方负责人，约谈后仍无改善的，有权收回相关责任方的运行监督或运行维护权利，并终止协议。

3.3.3 月比对

每月上旬进行一次实验室标准分析方法与水站自动监测仪器方法的比对监测，在自动监测分析的同时，采集实际水样按实验室分析方法进行分析，并以实验室分析方法测试结果为标准进行比对。每次比对至少获得 3 个测定数据正确，全部达到评价标准视为比对合格。比对结果不符合要求的，应及时整改，直至比对符合要求。所有比对结果应在水站数据平台中进行保存和标记，并填写记录。比对结果统计记录及监测报告作为年终考核的内容之一。月比对工作内容及评价标准见表 3-12。

表 3-12　月比对工作内容表

工作内容	评价标准	填写表格
（1）水温比对	相对误差＜±20%	szzd-06 水质自动监测系统比对实验结果统计表
（2）pH 比对	绝对误差≤±0.5	
（3）电导率比对	相对误差≤±20%	
（4）溶解氧比对	（1）仪器测定浓度＞地表水Ⅳ类标准限值，相对误差≤±20%	
（5）高锰酸盐指数比对		
（6）氨氮比对	（2）地表水Ⅱ类标准限值＜仪器测定浓度≤地表水Ⅳ类标准限值，相对误差≤±30%	
（7）总磷比对		
（8）总氮比对		
（9）重金属比对	（3）仪器 3 倍检出限＜仪器测定浓度≤地表水Ⅱ类标准限值，相对误差≤±40%	

工作内容	评价标准	填写表格
（9）重金属比对	（4）当仪器测定数据和实验室分析结果都低于地表水Ⅰ类标准限值；或仪器在3倍检出限范围内，且浓度在Ⅰ～Ⅱ类标准限值范围内的密码样考核合格，认定比对合格 （5）溶解氧按以上规则反向执行	szzd-06水质自动监测系统比对实验结果统计表

3.3.4 月考核

每月下旬使用有证标准物质或自配质控样品对水站分析仪进行一次考核，其中重金属、高氯酸盐每季度一次。考核结果不通过的，应及时整改，直至考核通过。所有考核结果在水站数据平台中进行保存和标记，并填写记录。月考核工作内容及评价标准见表3-13。

表3-13　月考核工作内容表

工作内容	评价标准		填写表格
	有证标准物质	自配质控样品	
（1）pH考核	允许不确定度	绝对误差≤±0.1	
（2）电导率考核	允许不确定度	相对误差≤±10%	
（3）高锰酸盐指数（酸性法）考核	允许不确定度	相对误差≤±10%	
（4）高锰酸盐指数（UV法）考核	—	实验室测定水样，相对误差≤±10%	
（5）氨氮考核	允许不确定度	相对误差≤±10%	
（6）总磷考核	允许不确定度	相对误差≤±10%	szzd-07水质自动监测系统月考核记录表
（7）总氮考核	允许不确定度	相对误差≤±10%	
（8）重金属考核	允许不确定度	相对误差≤±10%	
（9）高氯酸盐考核	允许不确定度	相对误差≤±10%	
（10）生物毒性（发光菌）考核	—	抑制率20%～80%	
（11）生物毒性（新月藻）考核	—	（1）空白值<3% （2）毒性值>50%	

3.3.5　管理巡检

每半年对水站运行状况、质控措施完成情况和运行管理记录等方面进行一次检查，并如实填写"szzd-08 水质自动监测系统管理巡检记录"，若检查中发现不符合或不合理项需立即向省总站汇报，并及时整改，整改后对整改完成情况进行现场核实。

3.3.6　密码样考核

每年对全省所有水站进行一次密码样考核。

3.3.7　飞行检查

质量管理工作检查内容包括运行管理计划及实施工作情况、质量控制计划及执行情况、质量管理体系建设及运行情况、管理经费使用情况、报告和原始记录等方面。

手工比对抽查根据水站仪器配置情况确定项目，比对结果按月比对评价标准执行。

3.3.8　其他

日常运行监管过程中，如发现违反操作规程，造成重大安全和质量事故，或运行管理弄虚作假，篡改数据等情况之一者，采取通报批评、取消运行管理资格等处理措施。

3.4　年度考评

3.4.1　运行服务考评

每年对水站运行服务工作情况进行考核评分，考核内容包括数据上传率、有效率、维护管理情况、故障维修响应能力、监测数据管理情况、档案及报告完成情况等，考核结果、维护管理的质量和业绩作为后续采购的参考依据。

对于运行维护水平低、水站运行不稳定、数据质量达不到规定要求的，将依据合同约定扣减运行维护费或终止合同。

3.4.2　运行监督考评

每年对水站运行监督工作进行考核评分，考核内容包括水站数据审核率、比对及考核工作完成情况、经费使用情况、档案及报告完成情况等。对工作完成较好的实行表彰奖励，对工作完成较差的实行处罚。

3.5　水质预警

3.5.1　水质超标及异常预警应对

3.5.1.1　故障排查

一旦出现监测数据超标、生物毒性监测数据超出正常范围及监测数据异常时，应首先排查仪器设备故障，若为仪器设备故障，应及时解决，如无法解决时则联系仪器生产厂家处理，同时做好记录（"szzd-05 水质自动监测系统异常、故障情况报告"）并上报省总站。如果因故障等停机影响周报数据，应及时启动手工监测，监测频次每周至少 2 次，直至仪器恢复正常运行。

3.5.1.2　水质异常预警应对

在日常监测数据审核时，观察数据变化趋势，若出现下列监测数据异常情况时，应采取加密监测、质控样校核或实验室比对等方式核实数据的有效性。如为非仪器故障导致的数据异常，应进行加密监测、质控样校核或实验室比对，如实记录加密监测和实验室分析结果，严密监视水位、流速和流量，并以"szzd-09 水质监测快报"形式上报所在地市/县环保局和省总站。

（1）自动监测数据连续 2 组超过近 3 天平均浓度水平 2 倍，但未超过地表水Ⅲ类标准。

（2）饮用水源站监测数据出现波动（超过近 3 天平均浓度水平 2 倍，但未超过地表水Ⅲ类标准）。

（3）长期（半年以上）达标的主要断面常规污染物浓度出现波动（超过近 3 天平均浓度水平 2 倍，但未超过地表水Ⅲ类标准）。

3.5.1.3 水质超标预警应对

非仪器故障导致的下列数据超标情况应以"szzd-09 水质监测快报"形式上报所在地市/县环保局和省总站,同时建议有关部门对上游主要污染源和风险源进行排查,并将排查结果及时上报省总站。

(1)自动监测数据连续 2 组超过近 3 天平均浓度水平 3 倍,同时超过地表水Ⅲ类标准。

(2)饮用水源站监测数据出现超过地表水Ⅲ类标准现象。

(3)pH 出现超标现象、重金属出现超过地表水Ⅲ类标准现象。

(4)溶解氧、高锰酸盐指数、氨氮、总氮、总磷等常规污染物浓度超过近 3 天平均浓度水平 2 倍,同时超过地表水Ⅲ类标准。

(5)生物毒性监测值连续 2 组抑制率或毒性值大于 30%。

(6)长期(半年以上)达标的主要断面常规污染物浓度出现超过地表水Ⅲ类标准现象。

3.5.1.4 应急监测应对

当发生水质污染事件时,各单位应主动配合,按上级部门要求做好应急监测工作。

3.5.2 特殊时期预警应对

3.5.2.1 洪水期预警应对

洪水期应做好水站安全工作,在洪水期来临前检查工作车辆、流量计、采水设施、站房、防雷、仪器设备等的安全情况;在洪水期间做好相关安全防护工作,保障水站工作人员的生命财产安全以及站房和仪器设备的安全;紧急情况时可将水下设施提出水面并拆卸保管,防止流量计及采水设施被洪水冲走;流量计及采水设施拆卸后,可采取应急方式监测,在保证安全的情况下人工采样供自动监测仪器分析测试或手工分析,同时对流量进行大致的估算。

加强洪水期的运行与数据审核工作,做好预警联动,如有超标或异常应积极应对,并以"szzd-09 水质监测快报"的形式及时将洪水期间的应急处置及应对情况上报所在地市/县环保局和省总站。

3.5.2.2 枯水期预警应对

枯水期流量小、流速缓,水质更易发生恶化,应加强枯水期的运行与数据审核工作，分析数据变化规律，做好预警联动，如有超标或异常应积极应对，及时以"szzd-09 水质监测快报"的形式上报所在地市/县环保局和省总站。运维公司在枯水期应加强水站水下设施的维护保养工作。

3.5.2.3 春季预警应对

初春季节水温、气温开始上升，易发生水体富营养化，溶解氧出现饱和或过饱和现象，同时叶绿素 a 浓度明显上升，应加强运行与数据审核工作，并特别注意水温、溶解氧及叶绿素 a 等富营养化指标的变化，分析数据变化规律，做好预警联动，如有超标或异常应积极应对，及时以"szzd-09 水质监测快报"的形式上报。

入春后随降水的来临，应密切关注初期雨水对水质的影响，加强运行与数据审核工作，分析数据变化规律，做好预警联动，如有超标或异常应积极应对，及时以"szzd-09 水质监测快报"的形式上报。

春季因灌溉所需，流量较枯水期更为减小，水体自净能力进一步减弱，易发生水体缺氧，易出现污染物浓度升高现象，应加强运行与数据审核工作，并特别注意溶解氧的变化，分析数据变化规律，做好预警联动，如有超标或异常应积极应对，及时以"szzd-09 水质监测快报"的形式上报。

3.5.2.4 初夏季节预警应对

初夏季节水温、气温进一步上升，易发生水体缺氧，应加强运行与数据审核工作，并特别注意溶解氧的变化，分析数据变化规律，做好预警联动，如有超标或异常应积极应对，及时以"szzd-09 水质监测快报"的形式上报。

3.5.2.5 山洪泥石流地质灾害预警应对

在雨季较易发生山洪泥石流等地质灾害的区域，特别是汶川大地震的影响区域及其下游地区，应密切关注上游地区的山洪泥石流等地质灾害的发生情况；重点关注山洪泥石流可能引发的次生灾害和环境影响；做好安全防护，保障水站工作人员的生命财产安全以及站房和仪器设备的安全；加强运行与数据审核工作，做好预警联动，如有超标或异常应积极应对，及时以"szzd-09 水质监测快报"的形式上报。

3.5.2.6 冰冻雨雪灾害预警应对

在冬季易发生冰冻雨雪灾害时期，应密切关注冰冻雨雪灾害的发生情况；

重点关注冰冻雨雪灾害可能引发的次生灾害和环境影响；做好安全防护，保障水站工作人员的生命财产安全以及站房和仪器设备的安全；加强运行与数据审核工作，做好预警联动，如有超标或异常应积极应对，及时以"szzd-09 水质监测快报"的形式上报。

3.5.2.7 水电站检修期间预警应对

水电站检修多安排在枯水期，检修期间易发生油污染事件及冲淤带来的水质污染事件，应密切关注水电站检修情况；重点关注水电站检修可能造成的环境影响；加强运行与数据审核工作，做好预警联动，如有超标或异常应积极应对，及时以"szzd-09 水质监测快报"的形式上报。

3.5.2.8 节假日及重大活动期间预警应对

节假日及重大活动期间，为保障人民群众过上一个愉快的节日，保障社会安全稳定，监控企业偷排，应加强运行与数据审核工作，分析数据变化规律，做好预警联动，如有超标或异常应积极应对，及时以"szzd-09 水质监测快报"的形式上报。

春节过后，各企业陆续复工复产，为预防水质污染事件的发生，应加强运行与数据审核工作，分析数据变化规律，做好预警联动，如有超标或异常应积极应对，及时以"szzd-09 水质监测快报"的形式上报。

3.5.3 事后总结

水质超标或异常时的预警应对结束后，应及时进行总结，分析事件发生原因，从技术方法、应对措施、结果处理等方面总结经验和教训，提出完善现有预警监测预案的建议，形成书面材料上报省总站。每年的年终水站总结报告中应专章总结全年预警监测及服务于预警监测的安全巡检与维护保养情况。

3.6 培训与考核

必须配备专职技术人员进行水站的运行管理和维护工作。按照相关要求组织水质自动监测系统的监测技术培训，培训内容主要包括运行管理、质量控制、运行监督等方面涉及的业务及技术，并同时进行培训考核。

3.7 水站建设

3.7.1 选址条件

水站点位的确定应综合考虑水质代表性、建站条件、采水条件等，并满足以下条件：

（1）站址的便利性。水站点位岸边的地理地质条件应适合建站，具备良好的土建基础条件，水站离管理单位交通距离不超过 100 km，附近有可靠的电力保证且电压稳定，通信线路质量符合数据传输要求，具有自来水或可建自备井水源，水质符合生活用水要求。

（2）水质的代表性。水站点位的水质应分布均匀、流速稳定，距上游入河口或排污口的距离不少于 1 km，尽可能选择在原有的常规监测断面上，以保证监测数据的连续性。必要时应该在选定点位前进行拟选点位取样分析和流速测量，以了解监测点位水质和流速的均匀性。

（3）监测的长期性。水站点位应不受城市、农村、水利等建设的影响，充分考虑丰、枯水期对取水的影响，流量较小且有季节性断流的河流，不设监测点位。一般而言，丰、枯水期河道摆幅应小于 30 m，枯水期水面与河底的水位差不小于 1.5 m，枯水期与丰水期的水位落差不大于 15 m。

（4）系统的安全性。水站周围环境和人文条件安全、可靠。

（5）运行的经济性。便于水站日常运行和管理。

（6）管理的规范性。承担运行管理的单位具有较强的监测技术与管理水平，有一定的经济能力，有专人负责水站的运行、维护和管理。

3.7.2 选址基本条件

选址应满足以下基本要求：

（1）交通方便。水站离承担管理任务的监测站的交通距离一般不超过 100 km。

（2）有可靠的电力保证而且电压稳定。

（3）具有自来水或可建自备井水源，水质符合生活用水要求。

（4）有满足数据传输的电话线路、3G 或 4G 网络，符合数据传输要求。

（5）取水点距站房的距离不超过 100 m，枯水期亦不得超过 150 m，而且便于铺设管线和管线的保温设施。

（6）枯水期水面与站房的高差一般不超过采水泵的最大扬程。

（7）断面常年有水，丰、枯季节河道摆幅应小于 30 m；枯水季节采水点水深不小于 1 m，保证能采集到水样；采水点最大流速一般应低于 3 m/s，有利于采水设施的建设、运行维护和安全。

3.7.3 水站站房

水站站房结构及供电等辅助设施应满足以下要求：

（1）站房采用砖混或框架结构，室内净空高度不低于 2.7 m，耐久年限为 50 年，站房地面标高能够抵御 50 年一遇的洪水。

（2）站房周围应该有雨水疏通渠道，具备防雨、防虫、防尘、防渗漏和防电磁波干扰的相应措施。

（3）站房应安装避雷设施，具备良好的接地装置，接地电阻符合防雷规范要求。

（4）站房内配备来电自启空调和除湿机，室内温度要 24 h 保持在 18 ~ 28 ℃，温度变化率＜5 ℃/ h，相对湿度要 24 h 保持在 40% ~ 70%RH，同时各类仪器应防止阳光直射。

（5）站房的供电电源使用 380 V 交流电、三相四线制、频率 50 Hz，电源容量按照站房全部用电设备实际用量的 1.5 倍计算，并配置水质自动监测系统专用动力配电箱。

3.7.4 采水系统

水站采水系统的取水口设置及取水管路材质等应满足以下要求：

（1）取水口采集的水样必须具有代表性，能反映断面的平均水质状况，取水点水质与该断面平均水质的误差不大于 10%。

（2）取水口应设在水力交换良好的河流凸岸（冲刷岸），且取水点最大流速应低于 3 m/s，不能设在死水区、缓流区和回流区。

（3）取水口与站房的直线距离应在 100 m 以内，取水点设在水面下 0.5 ~ 1 m 范围内，并与水底有足够的距离，防止泥沙影响采水水质。

（4）取水使用无故障时间长、材质坚固耐用、适合各种水体、扬程满足要求的潜水泵，采用双回路采水，一用一备。

（5）取水管路材质选用不锈钢或工程塑料，管路内径不小于 25 mm，取水流量不小于 1.5 m³/h，总供水量应高于分析仪总需水量的 1.5 倍。管路必须进行固定，并有必要的保温、防冻、防压、防淤、防撞和防腐措施。

（6）采水控制系统采用连续或间歇可调节工作方式，通常采用间歇工作方式，并且具备停电自我保护、通电自动恢复、泵故障诊断及自动切换泵工作功能。

（7）水站排水点须设在采水点下游 10m 以上的位置。

3.7.5 配水系统

水站配水系统的调配能力、预处理措施和其他相关功能应满足以下要求：

（1）配水系统能够通过对流量和压力的调配，满足所有分析仪对水量和水质的要求。

（2）配水系统应尽可能根据标准分析方法中对水样的预处理要求采取适当的预处理措施。水质五参数探头必须安装在水样预处理前，分析未经过预处理的样品。

（3）配水系统应具备停电自我保护、通电自动恢复和自动清洗功能。

3.7.6 水站配置

水站配置的基本项目包括水温、pH、溶解氧、电导率及浊度。根据环境管理需要和当地水质特点选取其他监测项目，包括高锰酸盐指数、总有机碳、氨氮、总磷、总氮、生物毒性、重金属等。根据监测目的和水质评价需要选择流速、流量等辅助项目。所选择的监测仪器还应满足以下要求：

（1）监测仪器需通过环境保护部监测仪器设备质量监督检验中心适用性检测或国际同等技术认证。仪器不成熟或其性能指标不能满足当地水质条件的项目不应作为自动监测项目。

（2）监测仪器满足水质自动分析仪技术要求，仪器启用前必须与实验室标准分析方法进行比对试验。

3.7.7 监测方法和频次

水站监测频次根据监测仪器对每个样品的分析周期来确定，至少每间隔 4 h 监测 1 次，每天至少监测 6 组数据。当水质状况明显变化或发生污染事件期间，应根据实际情况增加频次。监测方法和频次见表 3-14。

表 3-14 自动监测方法和频次表

监测项目	监测方法	监测频次
水温	温度传感器法	2～4 h/次
pH	玻璃电极法	2～4 h/次
溶解氧	膜电极法	2～4 h/次
电导率	电极法	2～4 h/次
浊度	90° 散射光法	2～4 h/次
高锰酸盐指数	酸性法或 UV 吸收法	2～4 h/次
氨氮	电极法	2～4 h/次
总磷	过硫酸钾氧化分光光度法	2～4 h/次
总氮	碱性过硫酸钾氧化紫外分光光度法	2～4 h/次
叶绿素 a	荧光法	2 h/次
生物毒性（发光菌）	发光菌法	2 h/次
生物毒性（新月藻）	新月藻法	2 h/次
重金属	阳极溶出伏安法	2 h/次
高氯酸盐	离子色谱法	1 d/次
流速、流量	流速仪法	2～4 h/次

3.8 水站验收

水站验收应根据验收对象确定内容，主要针对系统整体运行状况进行验收，按照仪器性能测试和比对实验两大部分内容进行，着重考核仪器运行的可靠性、监测数据的准确性、数据采集的完整性、数据传输的稳定性。

新建水站的验收主要内容包括水站选址、站房建设、采水系统、配水系统、预处理系统、仪器分析、数据采集、数据传输、视频系统和其他辅助系统。

升级改造站的验收主要内容包括站房装修、仪器分析、数据采集和数据传输。

3.8.1 验收要求

省总站负责水站验收工作的统一协调，组织对水站的考核与验收，编制

《水质自动监测系统验收监测方案》及验收总报告。

集成商负责仪器设备的安装调试，完成仪器设备的性能测试，保证仪器的性能技术指标达到招标文件要求；编制单台仪器的运行维护方法与规定；协助市（州）监测站对水站仪器设备进行验收；对技术人员进行现场培训；负责升级改造站站房的装修、内外墙的粉刷、防水和补烂。

市（州）监测站负责水站仪器的托收与保管，协助省总站对水站固定资产及备品备件进行登记；配合集成商完成并参与系统安装调试工作，接受仪器设备及系统的现场培训并熟练掌握；准备验收工作所需的药品试剂和标准溶液，按照省总站的要求做好仪器设备的性能测试和比对实验并编制验收分报告；负责新建设水站的站房、水电、道路等基础设施建设。

省总站、集成商和市（州）监测站需严格按照验收程序对水站进行验收，验收流程见下图 3-1。

图 3-1 水站验收流程示意图

3.8.2 验货

设备到达安装现场后，市（州）监测站负责接收与保存。市（州）监测站、集成商双方均在场时方能开箱验货，集成商应提供详细装箱清单。验货合格后，双方共同填写"szzd-14 水质自动监测系统仪器设备到货验收单"。如设备质量或技术规格与合同不符，或有明显损坏，市（州）监测站有权提出停止验货并及时将情况向省总站汇报。

3.8.3 验收性能测试

除仪器设备生产厂商的标准测试外，集成商必须在安装调试后与市（州）监测站共同完成仪器设备的零点漂移、量程漂移、准确度、精密度、重复性和线性等性能测试，并按照验收方案要求填写相关记录。

3.8.4 验收比对实验

仪器调试正常、性能测试合格并完成现场培训后，市（州）监测站开展自动监测与实验室分析的验收比对测试，并按照验收方案要求填写相关记录。

验收比对实验分析方法采用国家标准分析方法或推荐方法，监测分析人员需持有相关实验室分析项目的上岗证，所有监测仪器、量具均经过计量部门检定合格并在有效期内使用。

3.8.5 系统测试

比对实验合格后，系统进入为期两个月的试运行阶段，期间市（州）监测站开展仪器运行可靠性、数据采集完整性、数据传输稳定性测试，并按照验收方案要求填写相关记录。

（1）可靠性测试。完成性能测试和比对实验后，采用实际水样，连续运行两个月，记录总运行时间（小时）和每台仪器故障次数（次），计算每台仪器的平均无故障连续运行时间（MTBF），MTBF=总运行时间/故障次数，要求MTBF≥720 h/次。

（2）采集完整性测试。连续运行两个月，数据采集应完整、准确、可靠，现场核对仪表数据与数采仪采集数据，要求误差不大于仪器量程的1%，核对次数不少于10次，核对时间应尽可能地在两个月内平均分布。

（3）传输稳定性测试。连续运行两个月，要求水站各项指标数据传输率达到95%以上。

3.8.6 最终验收

系统测试合格后，集成商提出最终验收申请，市（州）监测站编制验收分报告，省总站编制验收总报告并组织专家组对水站进行最终验收，验收合格后填写"szzd-15水质自动监测系统设备管理表"。

3.9 资产管理

3.9.1 台账管理

水质自动监测系统资产要按国有资产有关规定纳入固定资产管理台账统一管理，建立管理台账，填写表3-15"＿＿＿水质自动监测系统基本情况管理台账"。省总站可根据实际情况调配水站仪器设备。

表 3-15 _____水质自动监测系统基本情况管理台账

水站 所在地	市（州）监 测站	监测流域 及水域名称	经度	纬度	运维公司
站房面积	院落占地 面积	采样方式	取水口与 岸边距离	取水口到 站房距离	投入运行 日期
序号	仪器编号	名称	型号	量程	备注
1					
2					
⋮					

3.9.2 设备报废

水站仪器设备的使用年限一般为 6～8 年，水站仪器设备报废按固定资产管理规定，并按要求办理报废手续，并填写"szzd-15 水质自动监测系统设备管理表"。

3.9.3 资产安保

建立安全保卫制度，落实安全保卫措施。凡属保管或使用不当造成的资产损失，由相应责任方负责赔偿。

4 数据统计分析

4.1 评价内容

4.1.1 评价对象

1. 水站断面

以水站断面位置监测的水质情况作为评价对象。

水站断面包括饮用水断面和重点流域断面（以下简称"断面"）。

2. 流域

当评价的河流、流域（水系）的断面总数少于 5 个时，计算各评价指标日均浓度的算术平均值，对各断面的水质类别和水质状况分别进行评价。

当评价的河流、流域（水系）的断面总数大于或等于 5 个时，先判断各断面水质类别；再采用断面水质类别比例法，即根据流域内各水质类别的断面数占流域内所有评价断面数的百分比来评价整个流域的水质状况。

4.1.2 评价指标

在水站必配和常配监测项目的基础上针对主要超标指标进行评价，本手册确定的评价指标为：DO（溶解氧）、I_{Mn}（高锰酸盐指数）、$NH_3\text{-}N$（氨氮）、总磷（TP）、生物毒性、重金属等。

4.1.3 评价时段

评价时段分为：每日、每周、每月、每季、每年和任意时间段。

评价指标的浓度为评价时段内水站审核后数据的日均浓度的算术平均值（以下简称"评价指标监测值"）。

周均值：1 周中水站审核后的有效日均浓度的算术平均值。

月均值：1 月中水站审核后的有效日均浓度的算术平均值。

年均值：1 年中水站审核后的有效日均浓度的算术平均值。

静态累计：今年 1 月到 n 月（n 月为今年现状月份）的污染物日均浓度负荷统计情况。

滑动累计：从去年（12-n）月到今年 n 月（n 月为今年现状月份）的污染物日均浓度负荷统计情况。

水期：丰水期（6~9 月）；平水期（4~5 月、10~11 月）；枯水期（1~3 月、12 月）。

4.1.4　评价标准

1. 断面

采用表 4-1 中的标准限值[来源《地表水环境质量标准》（GB 3838—2002）]对断面水质进行类别评价。

表 4-1　水质评价标准限值

单位：mg/L

序号	指标	Ⅰ类	Ⅱ类	Ⅲ类	Ⅳ类	Ⅴ类
1	DO≥	饱和率90%（或 7.5）	6	5	3	2
2	I_{Mn}≤	2	4	6	10	15
3	NH_3-N≤	0.15	0.5	1.0	1.5	2.0
4	TP≤	0.02（湖、库 0.01）	0.1（湖、库 0.025）	0.2（湖、库 0.05）	0.3（湖、库 0.1）	0.4（湖、库 0.2）

2. 含生物毒性仪及饮用水断面

采用表 4-1 和生物毒性提示预警值（≥20%）进行评价。

3. 流域

当河流、流域（水系）的断面总数少于 5 个时，采用表 4-1 中的标准限值对干流各断面平均值和所有断面平均值进行类别评价。

当河流、流域（水系）的断面总数大于或等于 5 个时，采用表 4-2（来源《地表水环境质量评价办法》）对该流域进行定性评价。

表 4-2 河流、流域（水系）水质定性评价分级

水质类别比例	水质状况	表征颜色
Ⅰ～Ⅲ类水质比例≥90%	优	蓝色
75%≤Ⅰ～Ⅲ类水质比例＜90%	良好	绿色
Ⅰ～Ⅲ类水质比例＜75%，且劣Ⅴ类比例＜20%	轻度污染	黄色
Ⅰ～Ⅲ类水质比例＜75%，且20%≤劣Ⅴ类比例＜40%	中度污染	橙色
Ⅰ～Ⅲ类水质比例＜60%，且劣Ⅴ类比例≥40%	重度污染	红色

4.2 断面水质评价

4.2.1 污染指数

用水站各评价指标监测值，除以表 4-1"水质评价标准限值" 中对应的Ⅲ类标准限值，计算该评价指标的污染指数。计算公式如下：

$$CWQI(i) = \frac{C(i)}{C_S(i)}$$

式中 $C(i)$ 为 I_{Mn}、$NH_3\text{-}N$、总磷等的监测值；

  $C_S(i)$ 为 I_{Mn}、$NH_3\text{-}N$、总磷等的Ⅲ类标准限值；

  $CWQI(i)$ 为 I_{Mn}、$NH_3\text{-}N$、总磷等的污染指数。

此外，溶解氧的计算方法如下：

$$CWQI(DO) = \frac{C_S(DO)}{C(DO)}$$

式中 $C(DO)$ 为溶解氧的监测值；

  $C_S(DO)$ 为溶解氧Ⅲ类标准限值；

  $CWQI(DO)$ 为溶解氧的污染指数。

4.2.2 超标评价

1. 断面水质超标评价

对断面的指标进行评价时，若存在超标情况，则对该指标（除溶解氧、pH 外）的超标倍数、超标天数一并评价；若评价指标在评价时间段内的日均

浓度出现超标情况，同时对其日均浓度最大超标倍数进行评价。具体如下：

当评价指标的污染指数小于等于 1 时（≤1），评价结果为评价时间段某断面该评价指标不超标；当评价指标的污染指数大于 1 时（＞1），评价结果为评价时间段某断面评价指标超标。

超标倍数计算公式为（DO 不计算超标倍数）：

$$超标倍数 = CWQI(\text{i}) - 1$$

超标天数：统计在评价时间段内各超标评价指标监测值超Ⅲ类水质标准限值的天数。

例：悦来渡口水站第 X 周监测结果统计详见表 4-3。

表 4-3　悦来渡口水站第 X 周监测结果统计表

序号	断面名称	项目	DO（mg/L）	I_{Mn}（mg/L）	NH_3-N（mg/L）	TP（mg/L）	流量（m³/s）
1	悦来渡口	4 月 4 日（星期一）	5.6	4.5	1.0	0.15	4.6
		4 月 5 日（星期二）	6.6	5.6	1.2	0.19	5.9
		4 月 6 日（星期三）	5.9	6.7	1.5	0.19	4.7
		4 月 7 日（星期四）	6.7	5.6	0.9	0.18	4.8
		4 月 8 日（星期五）	6.8	5.8	1.3	0.70	5.6
		4 月 9 日（星期六）	6.4	4.9	1.4	0.40	4.4
		4 月 10 日（星期天）	6.4	5.4	0.8	0.30	4.6
		均值	6.3	5.5	1.2	0.30	4.94
		标准值	5	6	1	0.2	—

将溶解氧、高锰酸盐指数、氨氮、总磷均值浓度带入 4.2.1 节中"污染指数"计算公式，计算污染指数大于 1 的项目为氨氮、总磷（超标评价指标），再将超标评价指标的污染指数分别带入本节中"超标倍数"计算公式，得到氨氮、总磷的超标倍数；将评价指标的日均值浓度分别带入 4.2.1 节中"污染指数"计算公式，然后统计各评价指标的污染指数大于 1 的天数及各评价指标日均浓度最大超标倍数。评价统计详见表 4-4。

评价结果：悦来渡口第 X 周水质氨氮、总磷超标，超倍数分别为 0.2 倍、0.5 倍；本周内高锰酸盐指数、氨氮、总磷日均浓度超标天数分别为 1 天、4 天、3 天，最大超标倍数分别为 0.12 倍、0.5 倍、2.5 倍（见图 4-1）。

表 4-4 悦来渡口第 X 周监测结果评价统计表

序号	断面名称	所在河流	流域	断面性质	控制单元	时间	评价时间段监测值（mg/L）				超标污染类评价指标		日均值超标	
							DO	I_{Mn}	NH_3-N	TP	项目及天数	倍数	超标天数	最大倍数
1	悦来渡口	岷江	岷江干流	市界（成都-乐山）	岷江干流中游及行政区划	本期	6.3	5.5	1.2	0.30	NH_3-N（4天），TP（3天）	0.2倍（NH_3-N），0.5倍（TP）	1（I_{Mn}），4（NH_3-N），3（TP）	0.12倍（I_{Mn}），0.5倍（NH_3-N），2.5倍（TP）
	GB 3838-2002 III类水质标准						≥5	≤6	≤1.0	≤0.20	—	—	—	—

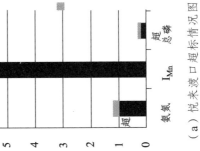

（a）悦来渡口超标情况图

（b）悦来渡口 X 周日均浓度最大图

图 4-1 悦来渡口超标情况图及 X 周日均浓度最大图

2. 断面水质超标同比评价

同比：指本年评价时间段的指标值与去年（某年）评价时间段的指标值之间的对比。

对本期断面是否超标、超标项目及超标天数与去年（某年）同期断面是否超标、超标项目及超标天数进行比较评价；各评价指标日均浓度最大超标倍数与去年（某年）同期各评价指标日均浓度最大超标倍数进行比较评价。

例：悦来渡口水站第 X 周（同比）监测结果统计详见表 4-5。

表 4-5   悦来渡口第 X 周（同比）监测结果统计表

序号	断面名称	项 目	DO（mg/L）		I_{Mn}（mg/L）		NH₃-N（mg/L）		TP（mg/L）		流量（m³/s）	
			本期	同比	本期	同比	本期	同比	本期	同比	本期	同比
1	悦来渡口	4 月 4 日（星期一）	5.6	4.0	4.5	4.5	1.0	1.0	0.15	0.25	4.6	4.7
		4 月 5 日（星期二）	6.6	4.6	5.6	5.6	1.2	1.4	0.19	0.16	5.9	5
		4 月 6 日（星期三）	5.9	5.9	6.7	6.7	1.5	1.2	0.19	0.45	4.7	4
		4 月 7 日（星期四）	6.7	4.7	5.6	5.6	0.9	0.9	0.18	0.15	4.8	4.3
		4 月 8 日（星期五）	6.8	4.8	5.8	5.8	1.3	1.2	0.70	0.30	5.6	5
		4 月 9 日（星期六）	6.4	5.6	4.9	5.9	1.4	0.9	0.40	0.34	4.4	4.8
		4 月 10 日（星期天）	6.4	4.4	5.4	5.8	0.8	1.0	0.30	0.28	4.6	5.6
		均值	6.3	4.9	5.5	5.7	1.2	1.1	0.30	0.28	4.94	4.77
		标准值	5		6		1		0.2		—	

按照 4.2.2 节（1）中方法计算统计出去年（某年）同期的超标评价指标及天数、超标倍数。同比评价统计详见表 4-6。

同比评价结果为：与去年（某年）同期相比，该断面水质均超标，超标项目均为氨氮、总磷，同比未变化；溶解氧超标天数同比减少了 1 天，高锰酸盐指数超标天数同比无变化，氨氮超标天数同比增加了 1 天，总磷超标天数同比减少了 2 天，如图 4-2 所示。

3. 断面水质超标环比评价

环比：指本年评价时间段的指标值与上年评价时间段的指标值之间的对比。

表4-6 悦来渡口第 X 周监测结果（同比）评价统计表

序号	断面名称	所在河流	流域	断面性质	控制单元	时间	评价时间段监测值（mg/L）				超标污染评价指标		日均值超标	
							DO	I$_{Mn}$	NH$_3$-N	TP	项目及天数	倍数	超标天数	最大倍数
1	悦来渡口	岷江干流	岷江	市界（成都-乐山）	岷江中游干流及行政区划	本期	6.3	5.5	1.2	0.30	NH$_3$-N（4天）、TP（3天）	0.2倍（NH$_3$-N）、0.5倍（TP）	1（I$_{Mn}$）、4（NH$_3$-N）、3（TP）	0.12倍（I$_{Mn}$）、0.5倍（NH$_3$-N）、2.5倍（TP）
						同比	4.9	5.7	1.1	0.28	DO（5天）、NH$_3$-N（3天）、TP（5天）	0.1倍（NH$_3$-N）、0.4倍（TP）	5（DO）、3（NH$_3$-N）、5（TP）、1（I$_{Mn}$）	0.12倍（I$_{Mn}$）、0.4倍（NH$_3$-N）、1.25倍（TP）
GB 3838—2002 Ⅲ类水质标准							≥5	≤6	≤1.0	≤0.20	—	—	—	—

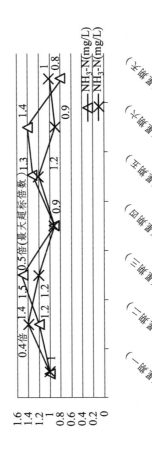

图 4-2 悦来渡口 X 周（同比）日均浓度最大超标倍数及变化

对本期断面是否超标、超标项目及超标天数与上期断面是否超标、超标项目及超标天数进行比较评价。

例：悦来渡口水站第 X 周（环比）监测结果统计详见表4-7。

表 4-7　悦来渡口第 X 周（环比）监测结果统计表

序号	断面名称	项目	DO（mg/L）		I_{Mn}（mg/L）		NH_3-N（mg/L）		TP（mg/L）		流量（m³/s）	
			本期	环比	本期	环比	本期	环比	本期	环比	本期	环比
1	悦来渡口	4月4日（星期一）	5.6	6.0	4.5	6.5	1.0	1.1	0.15	0.18	4.6	4.8
		4月5日（星期二）	6.6	5.6	5.6	5.6	1.2	1.3	0.19	0.17	5.9	4.3
		4月6日（星期三）	5.9	6.4	6.7	5.6	1.5	1.0	0.19	0.11	4.7	4
		4月7日（星期四）	6.7	4.8	5.6	6.4	0.9	0.7	0.18	0.27	4.8	5
		4月8日（星期五）	6.8	5.8	5.8	6.1	1.3	1.0	0.70	0.14	5.6	5.6
		4月9日（星期六）	6.4	5.7	4.9	4.2	1.4	1.0	0.40	0.19	4.4	4.7
		4月10日（星期天）	6.4	6.0	5.4	6.4	0.8	0.9	0.30	0.20	4.6	5
		均值	6.3	5.8	5.5	5.8	1.2	1.0	0.30	0.18	4.94	4.77
		标准值	5		6		1		0.2		—	

按照4.2.2节中方法计算统计出上期（环比）的超标评价指标及天数、超标倍数。环比评价统计详见表4-8。

表 4-8　悦来渡口第 X 周监测结果（环比）评价统计表

序号	断面名称	所在河流	流域	断面性质	控制单元	时间	评价时间段监测值（mg/L）				超标污染评价指标	
							DO	I_{Mn}	NH_3-N	TP	项目及天数	倍数
1	悦来渡口	岷江干流	岷江	市界（成都-乐山）	岷江干流中游及行政区划	本期	6.3	5.5	1.2	0.30	NH_3-N（4天）、TP（3天）	0.2倍（NH_3-N）、0.5倍（TP）
						环比	5.8	5.8	1.0	0.18	—	—
GB 3838-2002 Ⅲ类水质标准							≥5	≤6	≤1.0	≤0.20	—	—

环比评价结果为：与上周相比，该断面水质新增为超标断面，新增超标项目为氨氮、总磷，氨氮超标环比新增了4天，总磷超标环比新增了3天。

4.2.3　首（次）要污染物评价

1. 评价时间段首（次）要污染物评价

日首要污染物：将断面中每日各评价指标的污染指数进行排序，污染指数最大的对应评价指标为该断面当日首要污染物。

首（次）要污染物评价：评价时间段内的日首要污染物相同的项目天数百分率最大（天数最多）的项目为断面在该评价时间段内的首要污染物，日首要污染物天数百分率次之的项目为次要污染物。评价结果为：该断面评价时间段的首要污染为日首要污染物相同的项目天数百分率最大的项目，并评价该首要污染物项目为日首要污染物时的天数。

$$日首要污染物相同的项目百分率 = \frac{日首要污染物相同的项目天数}{评价时间段总天数} \times 100\%$$

例：悦来渡口水站第 X 周监测结果（日首要污染物）统计详见表 4-9。

表 4-9　悦来渡口水站第 X 周监测结果（日首要污染物）统计表

序号	断面名称	项目	DO（mg/L）	I_{Mn}（mg/L）	NH_3-N（mg/L）	TP（mg/L）	日首要污染物	流量（m³/s）
1	悦来渡口	4 月 4 日（星期一）	5.6	4.5	1.0	0.15	NH_3-N	4.6
		4 月 5 日（星期二）	6.6	5.6	1.2	0.19	NH_3-N	5.9
		4 月 6 日（星期三）	5.9	6.7	1.5	0.19	NH_3-N	4.7
		4 月 7 日（星期四）	6.7	5.6	0.9	0.18	I_{Mn}	4.8
		4 月 8 日（星期五）	6.8	5.8	1.3	0.70	TP	5.6
		4 月 9 日（星期六）	6.4	4.9	1.4	0.40	TP	4.4
		4 月 10 日（星期天）	6.4	5.4	0.8	0.30	TP	4.6
		均值	6.3	5.5	1.2	0.30	—	4.94
		标准值	5	6	1	0.2	—	—

根据表 4-9 监测情况可得到首要污染物评价表 4-10。

表 4-10 悦来渡口第 X 周首要污染物评价统计表

序号	断面名称	所在河流	流域	断面性质	控制单元	时间	评价时间段监测值（mg/L）				首要污染物	
							DO	I_{Mn}	NH_3-N	TP	项目	天数（天）
1	悦来渡口	岷江干流	岷江	市界（成都-乐山）	岷江干流中游及行政区划	本期	6.3	5.5	1.2	0.30	NH_3-N、TP	3、3
GB 3838—2002 Ⅲ类水质标准							≥5	≤6	≤1.0	≤0.20	—	—

评价结果：悦来渡口第 X 周首要污染物为氨氮、总磷，本周其中有 3 天的日首要污染物为氨氮、总磷，如图 4-3 所示。

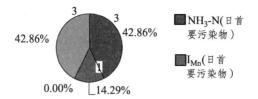

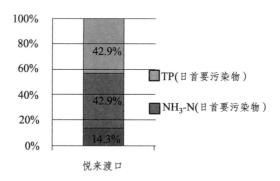

图 4-3 悦来渡口 X 周首要污染物图

2. 评价时间段首要污染物同比评价

对断面本期首要污染物及日首要污染物天数与去年（某年）同期首要污染物及日首要污染物天数进行比较评价。

例：悦来渡口水站第 X 周首要污染物（同比）监测结果统计详见表 4-11。

表 4-11　悦来渡口第 X 周首要污染物（同比）监测结果统计表

序号	断面名称	项目	DO (mg/L) 本期	DO (mg/L) 同比	I_{Mn} (mg/L) 本期	I_{Mn} (mg/L) 同比	NH_3-N (mg/L) 本期	NH_3-N (mg/L) 同比	TP (mg/L) 本期	TP (mg/L) 同比	首要污染物 本期	首要污染物 同比	流量 (m³/s) 本期	流量 (m³/s) 同比
1	悦来渡口	4月4日（星期一）	5.6	4.0	4.5	4.5	1.0	1.0	0.15	0.25	NH_3-N	DO、TP	4.6	4.7
		4月5日（星期二）	6.6	4.6	5.6	5.6	1.2	1.4	0.19	0.16	NH_3-N	NH_3-N	5.9	5
		4月6日（星期三）	5.9	5.9	6.7	6.7	1.5	1.2	0.19	0.45	NH_3-N	TP	4.7	4
		4月7日（星期四）	6.7	4.7	5.6	5.6	0.9	0.9	0.18	0.15	I_{Mn}	DO	4.8	4.3
		4月8日（星期五）	6.8	4.8	5.8	5.8	1.3	1.2	0.70	0.30	TP	TP	5.6	5
		4月9日（星期六）	6.4	5.6	4.9	5.9	1.4	0.9	0.40	0.34	TP	TP	4.4	4.8
		4月10日（星期天）	6.4	4.4	5.4	5.8	0.8	0.8	0.30	0.28	TP	TP	4.6	5.6
		均值	6.3	4.9	5.5	5.7	1.2	1.1	0.30	0.28	—		4.94	4.77
		标准值	5		6		1		0.2				—	

按照 4.2.3 节中方法得到同比日首要污染物相同的项目天数百分率最大的总磷为去年（某年）同期的首要污染物，其天数为 5 天。首要污染物同比评价统计详见表 4-12。

表 4-12　悦来渡口第 X 周首要污染物（同比）评价统计表

序号	断面名称	所在河流	流域	断面性质	控制单元	时间	评价时间段监测值（mg/L） DO	评价时间段监测值（mg/L） I_{Mn}	评价时间段监测值（mg/L） NH_3-N	评价时间段监测值（mg/L） TP	首要污染物 项目	首要污染物 天数（天）
1	悦来渡口	岷江干流	岷江	市界（成都-乐山）	岷江干流中游及行政区划	本期	6.3	5.5	1.2	0.30	NH_3-N、TP	3
						同比	4.9	5.7	1.1	0.28	TP	5
GB 3838—2002 Ⅲ类水质标准							≥5	≤6	≤1.0	≤0.20	—	

同比评价结果为：与去年（某年）同期相比，悦来渡口首要污染物为总

磷，同时本期新增了氨氮，日首要污染物为总磷的天数减少了 2 天，如图 4-4 所示。

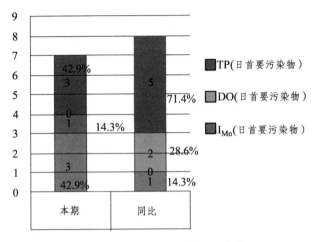

图 4-4　悦来渡口 X 周首要污染物图

3. 评价时间段首要污染物环比评价

对断面本期首要污染物及日首要污染物天数与上期首要污染物及日首要污染物天数进行比较评价。

例：悦来渡口水站第 X 周首要污染物（环比）监测结果统计详见表 4-13。

表 4-13　悦来渡口第 X 周首要污染物（环比）监测结果统计表

序号	断面名称	项目	DO（mg/L）		I_{Mn}（mg/L）		NH_3-N（mg/L）		TP（mg/L）		首要污染物		流量（m³/s）	
			本期	环比	本期	环比	本期	环比	本期	环比	本期	环比	本期	环比
1	悦来渡口	4月4日（星期一）	5.6	6.0	4.5	6.5	1.0	1.1	0.15	0.18	NH_3-N	NH_3-N	4.6	4.8
		4月5日（星期二）	6.6	5.6	5.6	5.6	1.2	1.3	0.19	0.17	NH_3-N	NH_3-N	5.9	4.3
		4月6日（星期三）	5.9	6.4	6.7	5.6	1.5	1.0	0.19	0.11	NH_3-N	NH_3-N	4.7	4
		4月7日（星期四）	6.7	4.8	5.6	6.4	0.9	0.7	0.18	0.27	I_{Mn}	TP	4.8	5
		4月8日（星期五）	6.8	5.8	5.8	6.1	1.3	1.0	0.70	0.14	TP	I_{Mn}	5.6	5.6
		4月9日（星期六）	6.4	5.7	4.9	4.2	1.4	1.0	0.40	0.19	TP	NH_3-N	4.4	4.7

序号	断面名称	项目	DO（mg/L）本期	DO（mg/L）环比	I_{Mn}（mg/L）本期	I_{Mn}（mg/L）环比	NH_3-N（mg/L）本期	NH_3-N（mg/L）环比	TP（mg/L）本期	TP（mg/L）环比	首要污染物本期	首要污染物环比	流量（m³/s）本期	流量（m³/s）环比
1	悦来渡口	4月10日（星期天）	6.4	6.0	5.4	6.4	0.8	0.9	0.30	0.20	TP	I_{Mn}	4.6	5
		均值	6.3	5.8	5.5	5.8	1.2	1.0	0.30	0.18	—		4.94	4.77
		标准值	5		6		1		0.2		—			

按照4.2.3节中方法得到环比日首要污染物相同的项目天数百分率最大的氨氮为上期的首要污染物，其天数为 4 天。首要污染物环比评价统计详见表 4-14。

表 4-14　悦来渡口第 X 周首要污染物（环比）评价统计表

序号	断面名称	所在河流	流域	断面性质	控制单元	时间	评价时间段监测值（mg/L）DO	I_{Mn}	NH_3-N	TP	首要污染物项目	首要污染物天数（天）
1	悦来渡口	岷江干流	岷江	市界（成都-乐山）	岷江干流中游及行政区划	本期	6.3	5.5	1.2	0.30	NH_3-N、TP	3
						同比	5.8	5.8	1.0	0.18	NH_3-N	4
GB 3838-2002 Ⅲ类水质标准							≥5	≤6	≤1.0	≤0.20	—	—

环比评价结果为：与上周相比，悦来渡口首要污染物为氨氮，同时本期首要污染物新增了总磷，日首要污染物为氨氮的天数减少了 1 天，如图4-5 所示。

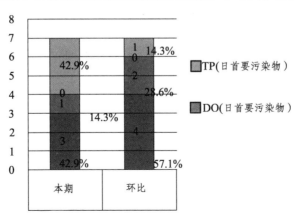

图 4-5　悦来渡口 X 周首要污染物（环比）图

4.2.4　水质类别评价

1. 断面水质类别评价

最差污染因子法：选取监测值达到的最低功能水质标准的类别作为该断面的水质类别，低于 V 类时，则以劣 V 类表示。

例：根据表 4-3 监测结果，将各评价指标周均值与表 4-1 中对应项目的标准值进行比较，得到各评价指标相应的水质类别，将最差的总磷Ⅳ类别视为该断面的水质类别，类别评价表见表 4-15。

表 4-15　悦来渡口第 X 周类别评价统计表

序号	断面名称	所在河流	流域	断面性质	控制单元	时间	评价时间段监测值（mg/L）				类别
							DO	I_{Mn}	NH$_3$-N	TP	
1	悦来渡口	岷江干流	岷江	市界（成都-乐山）	岷江干流中游及行政区划	本期	6.3	5.5	1.2	0.30	Ⅳ
GB 3838—2002 Ⅲ类水质标准							≥5	≤6	≤1.0	≤0.20	—

评价结果：悦来渡口第 X 周水质为Ⅳ类。

2. 断面水质类别同比评价

按照 4.2.4 节中方法得到同比水质类别，类别同比评价统计详见表 4-16。

表 4-16　悦来渡口第 X 周类别（同比）评价统计表

序号	断面名称	所在河流	流域	断面性质	控制单元	时间	评价时间段监测值（mg/L）				类别
							DO	I_{Mn}	NH$_3$-N	TP	
1	悦来渡口	岷江干流	岷江	市界（成都-乐山）	岷江干流中游及行政区划	本期	6.3	5.5	1.2	0.30	Ⅳ
						同比	4.9	5.7	1.1	0.28	Ⅳ
GB 3838—2002 Ⅲ类水质标准							≥5	≤6	≤1.0	≤0.20	—

同比评价结果为：与去年（某年）同期相比，悦来渡口水质均为Ⅳ类。

3. 断面水质类别环比评价

按照 4.2.4 节中方法得到环比水质类别，类别环比评价统计详见表 4-17。

表 4-17　悦来渡口第 X 周类别（环比）评价统计表

序号	断面名称	所在河流	流域	断面性质	控制单元	时间	评价时间段监测值（mg/L）				类别
							DO	I_{Mn}	NH_3-N	TP	
1	悦来渡口	岷江干流	岷江	市界（成都-乐山）	岷江干流中游及行政区划	本期	6.3	5.5	1.2	0.30	IV
						环比	5.8	5.8	1.0	0.18	III
GB 3838-2002 III类水质标准							≥5	≤6	≤1.0	≤0.20	—

环比评价结果为：与上周相比，悦来渡口水质由III类下降到IV类。

4.2.5　主要污染物评价

1. 主要污染物

将评价时间段内各评价指标的监测值代入 4.2.1 节中"污染指数"计算公式，最大污染指数对应的评价指标（＞1）、首要污染物、日均值超标天数最多的项目均可视为主要污染物之一。

例：悦来渡口水站第 X 周监测结果统计详见表 4-3。将溶解氧、高锰酸盐指数、氨氮、总磷均值浓度带入 4.2.1 节中"污染指数"计算公式，得到污染指数大的总磷为主要污染物。主要污染物评价统计详见表 4-18。

表 4-18　悦来渡口第 X 周主要污染物评价统计表

序号	断面名称	所在河流	流域	断面性质	控制单元	时间	评价时间段监测值（mg/L）				主要污染物
							DO	I_{Mn}	NH_3-N	TP	
1	悦来渡口	岷江干流	岷江	市界（成都-乐山）	岷江干流中游及行政区划	本期	6.3	5.5	1.2	0.30	NH_3-N、TP
GB 3838-2002 III类水质标准							≥5	≤6	≤1.0	≤0.20	—

评价结果：悦来渡口第 X 周主要污染物有氨氮、总磷。

2. 主要污染物同比评价

将本期评价时间段的主要污染物与去年同期主要污染物进行比较评价。

例：悦来渡口水站第 X 周（同比）监测结果统计详见表 4-5 及表 4-6 超标天数情况。按照 4.2.3 节中方法得到同比污染指数大的总磷为去年（某年）同期主要污染物。同比评价统计详见表 4-19。

表 4-19　悦来渡口第 X 周主要污染物（同比）评价统计表

序号	断面名称	所在河流	流域	断面性质	控制单元	时间	评价时间段监测值（mg/L）				主要污染物
							DO	I_{Mn}	NH$_3$-N	TP	
1	悦来渡口	岷江干流	岷江	市界（成都-乐山）	岷江干流中游及行政区划	本期	6.3	5.5	1.2	0.30	NH$_3$-N、TP
						同比	4.9	5.7	1.1	0.28	DO、TP
GB 3838-2002 Ⅲ类水质标准							≥5	≤6	≤1.0	≤0.20	—

同比评价结果为：与去年（某年）同期相比，悦来渡口主要污染物新增了氨氮，减少了溶解氧。

3. 主要污染物环比评价

将本期评价时间段的主要污染物与上期主要污染物进行比较评价。

例：悦来渡口水站第 X 周（环比）监测结果统计详见表 4-20。按照 4.2.3 节中方法得到环比污染指数大的总磷为上期主要污染物。同比评价统计详见表 4-20。

表 4-20　悦来渡口第 X 周主要污染物（环比）评价统计表

序号	断面名称	所在河流	流域	断面性质	控制单元	时间	评价时间段监测值（mg/L）				主要污染物
							DO	I_{Mn}	NH$_3$-N	TP	
1	悦来渡口	岷江干流	岷江	市界（成都-乐山）	岷江干流中游及行政区划	本期	6.3	5.5	1.2	0.30	NH$_3$-N、TP
						环比	5.8	5.8	1.0	0.18	NH$_3$-N
GB 3838-2002 Ⅲ类水质标准							≥5	≤6	≤1.0	≤0.20	—

环比评价结果为：与上周相比，该断面主要污染物新增了总磷。

4.2.6　评价指标监测值变化情况评价

1. 评价指标监测值同比评价

将本期每个评价指标监测值分别与去年同期每个评价指标监测值进行比较评价，采用同比增长或下降率评价其变化情况：

$$同比增长（下降）率（\%）=\left(\frac{本期监测值}{往年同期监测值}-1\right)\times100\%$$

将每周作为评价时间段对各评价指标的监测值进行同比时：同比评价指标的监测值增长（下降）率小于等于 10%，评价结果为该断面中的某评价指标的监测值同比变化不大；同比评价指标的监测值增长（下降）率大于 10%，评价结果为该断面中的某评价指标同比污染程度有所增加（改善）；同比评价指标的监测值增长（下降）率大于 20%，评价结果为该断面中的某评价指标同比污染程度明显增加（改善）；同比评价指标的监测值增长（下降）率大于 30%，评价结果为该断面中的某评价指标同比污染程度显著增加（减小）。

将每月作为评价时间段对各评价指标的监测值进行同比时：同比评价指标的监测值增长（下降）率小于等于 5%，评价结果为该断面中某评价指标的监测值同比变化不大；同比评价指标的监测值增长（下降）率大于 5%，评价结果为该断面中的某评价指标同比污染程度有所增加（改善）；同比评价指标的监测值增长（下降）率大于 10%，评价结果为该断面中的某评价指标同比污染程度明显增加（改善）；同比评价指标的监测值增长（下降）率大于 15%，评价结果为该断面中的某评价指标同比污染程度显著增加（减小）。

将季度和年作为评价时间段对各评价指标的监测值进行同比时：同比评价指标的监测值增长（下降）率小于等于 3%，评价结果为该断面中的某评价指标的监测值同比变化不大；同比评价指标的监测值增长（下降）率大于 3%，评价结果为该断面中的某评价指标同比污染程度有所增加（改善）；同比评价指标的监测值增长（下降）率大于 6%，评价结果为该断面中的某评价指标同比污染程度明显增加（改善）；同比评价指标的监测值增长（下降）率大于 10%，评价结果为该断面中的某评价指标同比污染程度显著增加（减小）。

表 4-21　浓度同比变化率对应定性评价表

周期	变化率	浓度同比			
周	增长或下降率的绝对值	≤10%	>10%	>20%	>30%
月		≤5%	>5%	>10%	>15%
季/年		≤3%	>3%	>6%	>10%
评价		变化不大	有所增加（改善）	明显增加（改善）	显著增加（减小）

例：根据同比监测结果表 4-5 可得周均值同比变化评价表 4-22。

表 4-22　悦来渡口第 X 周浓度（同比）评价统计表

序号	断面名称	所在河流	流域	断面性质	控制单元	时间	评价时间段监测值（mg/L）			
							DO	I_{Mn}	NH_3-N	TP
1	悦来渡口	岷江干流	岷江	市界（成都-乐山）	岷江干流中游及行政区划	同比	4.9	5.7	1.1	0.28
						本期	6.3	5.5	1.2	0.3
						同比变化率	28.6%	-3.5%	20.0%	7.1%
GB 3838—2002 Ⅲ类水质标准							≥5	≤6	≤1.0	≤0.20

同比评价结果：与往年同期相比，悦来渡口第 X 周溶解氧浓度同比增长28.6%，该断面溶解氧污染程度明显变好；高锰酸盐指数同比下降 3.5%，浓度变化不大；氨氮同比增长 20.0%，该断面氨氮污染程度有所变差；总磷同比增长 7.1%，浓度变化不大，如图 4-6 所示。

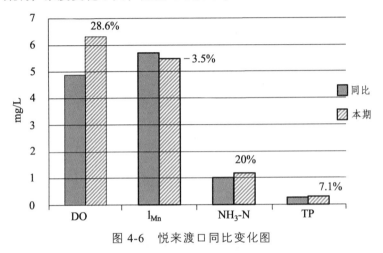

图 4-6 悦来渡口同比变化图

2. 评价指标监测值环比评价

将本期每个评价指标监测值分别与上期每个评价指标监测值进行比对，采用环比增长或下降率评价其变化情况：

$$环比增长（下降）率（\%）=\left(\frac{本期监测值}{上期监测值}-1\right)\times100\%$$

将每周、每月作为评价时间段对各评价指标的监测值进行环比时：环比评价指标的监测值增长（下降）率小于等于 5%，评价结果为该断面中的某评价指标的监测值同比变化不大；环比评价指标的监测值增长（下降）率大于5%，评价结果为该断面中的某评价指标环比污染程度有所增加（改善）；环比评价指标的监测值增长（下降）率大于 10%，评价结果为该断面中的某评价指标环比污染程度明显增加（改善）；环比评价指标的监测值增长（下降）率大于 15%，评价结果为该断面中的某评价指标环比污染程度显著增加（减小）。

表 4-23 浓度环比变化率对应定性评价表

周期	变化率	浓度环比			
周/月	增长或下降率的绝对值	≤5%	>5%	>10%	>15%
	评价	变化不大	有所增加（改善）	明显增加（改善）	显著增加（减小）

例：根据环比监测结果表 4-7 可得周均值环比变化评价表 4-24。

表 4-24　悦来渡口第 X 周浓度（环比）评价统计表

序号	断面名称	所在河流	流域	断面性质	控制单元	时间	评价时间段监测值（mg/L）			
							DO	I_{Mn}	NH_3-N	TP
1	悦来渡口	岷江干流	岷江	市界（成都-乐山）	岷江干流中游及行政区划	环比	5.8	5.8	1	0.18
						本期	6.3	5.5	1.2	0.3
						环比变化率	8.6%	-5.2%	20.0%	66.7%
GB 3838-2002 Ⅲ 类水质标准							≥5	≤6	≤1.0	≤0.20

环比评价结果：与上周相比，悦来渡口第 X 周溶解氧浓度同比增长 8.6%，该断面溶解氧污染程度有所改善；高锰酸盐指数同比减少 5.2%，该断面高锰酸盐指数污染程度有所改善；氨氮同比增长 20.0%，该断面氨氮污染程度显著增加；总磷同比增长 66.7%，该断面总磷污染程度显著增加，如图 4-7 所示。

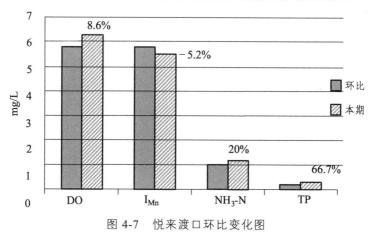

图 4-7　悦来渡口环比变化图

4.2.7　综合污染指数评价

1. 综合污染指数计算

根据各单项指标的 $CWQI(i)$ 指数，取其加和值即为断面的综合污染指数。综合污染指数的变化情况可以反映水质质量的变化。断面的综合污染指数 $CWQI$ 计算公式如下：

$$CWQI = \sum_{i=1}^{n} CWQI(i)$$

式中，n 为参与评价的水质指标个数。

2. 综合污染指数同比评价

将每周作为评价时间段对综合污染指数进行同比时：同比综合污染指数增长（下降）率小于等于10%，评价结果为该断面水质综合质量同比变化不大；同比综合污染指数增长（下降）率大于10%，评价结果为该断面水质综合质量同比有所变差（改善）；同比综合污染指数增长（下降）率大于20%，评价结果为该断面水质综合质量同比明显变好（变差）；同比综合污染指数增长（下降）率大于30%，评价结果为该断面水质综合质量同比显著变好（变差）。

将每月作为评价时间段对综合污染指数进行同比时：同比综合污染指数增长（下降）率小于等于5%，评价结果为该断面水质综合质量同比变化不大；同比综合污染指数增长（下降）率大于5%，评价结果为该断面水质综合质量同比有所变差（改善）；同比综合污染指数增长（下降）率大于10%，评价结果为该断面水质综合质量同比明显变好（变差）；同比综合污染指数增长（下降）率大于15%，评价结果为该断面水质综合质量同比显著变好（变差）。

将季度和年作为评价时间段对综合污染指数进行同比时：同比综合污染指数增长（下降）率小于等于3%，评价结果为该断面水质综合质量同比变化不大；同比综合污染指数增长（下降）率大于3%，评价结果为该断面水质综合质量同比有所变差（改善）；同比综合污染指数增长（下降）率大于6%，评价结果为该断面水质综合质量同比明显变好（变差）；同比综合污染指数增长（下降）率大于10%，评价结果为该断面水质综合质量同比显著变好（变差）。

表 4-25 综合污染指数变化率对应定性评价表

周期	变化率	综合污染指数同比			
周	增长或下降率的绝对值	≤10%	>10%	>20%	>30%
月		≤5%	>5%	>10%	>15%
季/年		≤3%	>3%	>6%	>10%
评价		变化不大	有所变差（改善）	明显变好（变差）	显著变好（变差）

例：根据同比监测结果表 4-5 可得 X 周综合污染指数同比变化评价表 4-26。

同比评价结果：与往年同期相比，悦来渡口第 X 周综合污染指数同比减少 1.3%，该断面水质综合质量变化不大，如图 4-8 所示。

表 4-26　悦来渡口第 X 周综合污染指数（同比）评价统计表

序号	断面名称	所在河流	流域	断面性质	控制单元	时间	污染指数				
							DO	I_{Mn}	NH$_3$-N	TP	综合指数
1	悦来渡口	岷江干流	岷江	市界（成都-乐山）	岷江干流中游及行政区划	同比	1.02	0.95	1.1	1.4	4.47
						本期	0.79	0.92	1.2	1.5	4.41
						同比变化率	-22.5%	-3.2%	9.1%	7.1%	-1.3%
GB 3838—2002 Ⅲ类水质标准							≥5	≤6	≤1.0	≤0.20	—

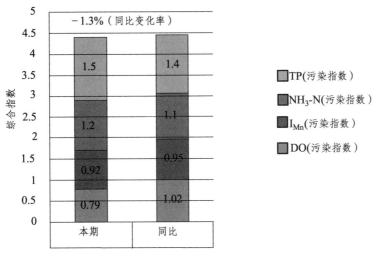

图 4-8　悦来渡口 X 周综合指数同比图

3. 综合污染指数环比评价

将本期断面综合污染指数与上期断面综合污染指数进行环比，用综合污染指数环比增长或下降率来评价该断面水质综合质量变化情况。

将每周、每月作为评价时间段对综合污染指数进行环比时：环比综合污染指数增长（下降）率小于等于 5%，评价结果为该断面水质综合质量同比变化不大；环比综合污染指数增长（下降）率大于 5%，评价结果为该断面水质综合质量环比污染程度有所变差（改善）；环比综合污染指数增长（下降）率大于 10%，评价结果为该断面水质综合质量环比污染程度明显变好（变差）；环比综合污染指数增长（下降）率大于 15%，评价结果为该断面水质综合质量环比污染程度显著变好（变差），如表 4-27 所示。

表 4-27　综合污染指数环比变化率对应定性评价表

周期	变化率	综合污染指数环比			
周/月	增长或下降率的绝对值	≤5%	>5%	>10%	>15%
	评价	变化不大	有所变差（改善）	明显变好（变差）	显著变好（变差）

例：根据同比监测结果表 4-7 可得 X 周综合污染指数环比变化评价表 4-28。

表 4-28　悦来渡口第 X 周综合污染指数（环比）评价统计表

序号	断面名称	所在河流	流域	断面性质	控制单元	时间	污染指数				
							DO	I_{Mn}	NH$_3$-N	TP	综合指数
1	悦来渡口	岷江干流	岷江	市界（成都-乐山）	岷江干流中游及行政区划	环比	0.86	0.97	1	0.9	3.73
						本期	0.79	0.92	1.2	1.5	4.41
						环比变化率	-8.1%	-5.2%	20.0%	66.7%	18.2%
GB 3838-2002 Ⅲ类水质标准							≥5	≤6	≤1.0	≤0.20	—

环比评价结果：与上周相比，悦来渡口第 X 周综合污染指数同比增长 18%，该断面水质综合质量显著变差，如图 4-9 所示。

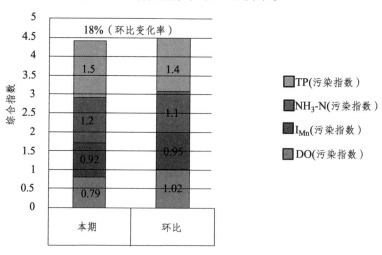

图 4-9　悦来渡口 X 周综合指数环比图

4.2.8 污染日历图

在评价时段内计算某一断面、行政区、流域的日均数据，分别从水质类别和单因子污染物类别逐日反映水质变化情况：用颜色由浅到深的柱状图对应表示水质由好到差。

在污染日历图内可展示：（1）任意时间段，比如不同月、季、半年、水文期（丰水期、枯水期、平水期）等时间；（2）水质的环比、同比情况。

4.2.9 关联性评价

1. 均值和标准差

在评价时段内计算某一断面监测数据的均值和标准差，用以评价数据集的平均水平和离散程度，计算公式如下：

（1）均值：

$$x = \frac{(x_1 + x_2 + \cdots x_n)}{n}$$

（2）中位数及90%分位数：① 原始数据从小到大排列；② 计算指数 $m = np\%$（中位数对应 p 为 50，90%分位数对应 p 为 90）；③ 若 m 不是整数，取大于 m 的相邻整数即为对应分位数的值；若 m 是整数，则对应分位数是第 m 项与第 $m+1$ 项数据的平均值。

（3）标准差：

$$s = \sqrt{\frac{\sum_{i=1}^{n}(x_i - x)^2}{n}}$$

式中：n 是监测数据个数，x_i 是第 i 个监测值，x 是均值，s 是标准差。

2. 相关系数

相关分析主要分析变量之间的密切程度，以及根据样本资料推断总体是否相关，其中反映两个变量之间密切程度的指标称为相关系数，一般用 r 表示。常用的相关系数主要有 Pearson 简单相关系数和 Spearman 等级相关系数，计算公式如下：

（1）Pearson 相关系数：

$$r = \frac{\sum_{i=1}^{n}(x_i - x)(y_i - y)}{\sqrt{\sum_{i=1}^{n}(x_i - x)^2(y_i - y)^2}}$$

Pearson 相关系数的检验统计量为 T 统计量：$T = \dfrac{r\sqrt{n-2}}{\sqrt{1-r^2}}$（T 统计量服从自由度为 $n-2$ 的 T 分布）。

式中：n 为样本数，x_i 和 y_i 分别为两个站点某一指标的监测值。当 $r=0$ 时不存在线性相关，但不意味 y 与 x 无任何关系；当 $0 \leqslant |r| \leqslant 0.3$ 时，为微弱相关；当 $0.3 < |r| \leqslant 0.5$ 时，为低度相关；当 $0.5 < |r| \leqslant 0.8$ 时，为显著相关；当 $0.8 < |r| \leqslant 1$，为高度相关；当 $|r| = 1$，为完全线性相关。

（2）Spearman 等级相关系数：

$$r = 1 - \frac{6\sum\limits_{i=1}^{n} D_i^{\,2}}{n(n^2-1)}$$

在小样本条件下，当原假设成立时，Spearman 等级相关系数服从 Spearman 分布；在大样本条件下，Spearman 等级相关系数的检验统计量为 U 统计量，即：

$$U = r\sqrt{n-1}$$

式中：n 为样本数，原始数据（x_i，y_i）转化为改变量的秩（U_i，V_i）进行计算，公式中 $D_i^2 = (U_i - V_i)^2$，r 的定义与上类同。U 统计量服从标准正态分布。

综上所述，建议使用 SPSS 软件自动计算 Pearson、Spearman 相关系数，T 检验统计量及 U 统计量的观测值及对应的概率 p 值。

3. 上下游断面（两个断面）的水质相关性评价

例子：上下游断面：岷江大桥和月波（见表 4-29）。

表 4-29

评价指标	月波（总磷）	月波（氨氮）	月波（高锰酸盐指数）
岷江大桥（总磷）	0.34（7.2）**	—	—
岷江大桥（氨氮）	—	0.24（10.6）**	—
岷江大桥（高锰酸盐指数）	—	—	7.87（4.3）
样本数	89	76	89

备注：（1）断面均值和标准差的评价：各断面评价时段内的监测浓度（mg/L）和标准差（括号内）；（2）"*"的个数代表检验站点之间的总磷浓度是否具有显著性水平（无"*"表示无显著性差异，此时表明站点间数据关联性较好，"*"表示一般性差异，"**"表示显著性差异时，可能上下游出现外源污染输入或者引起水量变化的情况发生，比如支流汇入、抽水灌溉、人为

污染排放等）。

结论：岷江大桥距离月波约为 80 千米，沿程经过乐山市区，有大渡河、青衣江、茫溪河等支流汇入。在评价时段内，岷江大桥和月波总磷、氨氮和高锰酸盐指数的有效数据样本数分别为 89、76 和 89，总磷和氨氮在岷江大桥至月波均出现显著性差异，表明受其他源影响明显，高锰酸盐指数在岷江大桥至月波相关性较好，表明月波断面高锰酸盐指数主要受上游来源输入影响。

4. 各断面评价指标均值、中位数、90%分位数浓度同比相关性评价

均值和中位数都是描述数据集平均水平的统计量，数据集若不是正态分布型，中位数比均值更能反映平均水平，但中位数在数据集汇总是一个稳定的统计量，它对极端污染不敏感，90%分位数描述了污染浓度最高的 10%的情况。

例子：岷江干流中下游断面总磷年度均值、中位数、90%分位数浓度年度同比（括号中是标准差），如表 4-30 所示。

表 4-30

岷江干流	年份	均值（标准差）	中位数（标准差）	90%分位数（标准差）
岷江大桥	2013	0.38（1.71）	0.39（1.15）	0.54（4.15）
	2014	0.39（1.98）*	0.32（2.45）	0.53（6.23）
	2015	0.37（1.09）***	0.29（1.95）	0.49（5.47）*
悦来渡口	2013	0.25（0.90）	0.31（1.25）	0.48（2.87）
	2014	0.28（0.88）	0.28（1.09）**	0.39（3.42）**
	2015	0.27（1.7）	0.29（0.87）	0.41（1.62）
月波	2013	0.29（0.73）***	0.36（1.24）***	0.38（2.05）
	2014	0.28（1.06）	0.29（1.58）	0.42（4.44）***
	2015	0.29（1.91）**	0.31（0.91）*	0.37（1.62）**
凉姜沟	2013	0.38（0.6）	0.26（1.21）	0.42（3.78）
	2014	0.40（1.25）**	0.29（3.42）	0.4（3.45）**
	2015	0.39（0.90）***	0.31（2.05）	0.38（2.68）*

备注："*"的个数代表统计检验该年相比前一年是否有上升的显著性水平（无"*"：p 值大于 0.05，表示无显著性差异）。

结论：岷江大桥，在年度均值和 90%分位数都是 4 个断面中总磷污染最严重的断面，悦来渡口和月波污染程度相似，受大渡河和青衣江汇合后稀释的影响，均值下降至 0.25 ~ 0.29 mg/L，历经至凉姜沟略有升高，总磷范围在

0.38～0.40 mg/L。显著性结果表明，从2013年开始，4个断面总磷的主要浓度指标（均值、中位数和90%分位数）均有所升高，主要体现在重度污染（90%分位数）的增加，使得均值和中位数浓度相应升高。

4.3 流域水质评价

4.3.1 流域划分

嘉陵江包括干流4个断面和支流1个断面，渠江包括干流2个断面和支流4个断面，涪江包括干流3个断面和支流1个断面，沱江包括干流5个断面和支流9个断面，岷江-大渡河包括干流6个断面和支流5个断面，雅砻江包括干流1个（建设中）和支流1个断面，金沙江干流1个断面，长江干流1个断面。各流域对应的干流及支流名称详见表4-31。

表4-31　流域内的干流及支流统计表

序号	水站名称	所在市州	干流/支流名称	断面性质	流域
1	西充河（玉带）	南充市	西充河	入江口	嘉陵江
2	清风峡	广元市	嘉陵江干流	流域交界（入川）	
3	沙溪	南充市		广南交界	
4	烈面	广安市		流域交界（南广交界）	
5	清平	广安市		出川交界	
6	江陵	达州市	巴河	巴达交界	渠江
7	化工园区	达州市	州河	控制	
8	黎家乡	广安市	大洪河	广安出川	
9	幺滩	广安市	御临河	广安出川	
10	凉滩	广安市	渠江干流	达广交界	
11	赛龙	广安市		遂宁出川	
12	大安	遂宁市	琼江	入江口	涪江
13	丰谷	绵阳市	涪江干流	控制	
14	香山	遂宁市		绵遂交界	
15	老池	遂宁市		遂宁出川	

序号	水站名称	所在市州	干流/支流名称	断面性质	流域
16	淮口	成都市	沱江干流	控制	沱江
17	宏缘	成都市		控制	
18	幸福村	内江市		资内交界	
19	脚仙村	自贡市		流域交界	
20	沱江二桥	泸州市		流域交界	
21	方洞	泸州市	濑溪河	交界	
22	球溪	内江市	球溪河	控制	
23	邓关站	自贡市	釜溪河	交界	
24	廖家堰	自贡市	威远河	交界	
25	梓桐村	成都市	北河	德成交界	
26	清江	成都市	青白江	德成交界	
27	沙堆	德阳市	绵远河	控制	
28	川江	德阳市	鸭子河	小流域交界	
29	人民渠	德阳市	人民渠	饮用水	
30	黎明村	成都市	岷江干流	流域交界	岷江
31	董坝子	眉山市		成眉交界	
32	悦来渡口	乐山市		流域交界	
33	岷江大桥	乐山市		控制断面	
34	月波	宜宾市		乐宜交界	
35	凉姜沟	宜宾市		控制断面	
36	棉竹	乐山市	青衣江	饮用水	
37	桫椤峡	眉山市		雅眉交界	
38	黄龙溪	眉山市	府河	成眉交界	
39	松江	眉山市	体泉河	成眉交界	
40	青龙	眉山市	通济堰	成眉交界	
41	昔街大桥	攀枝花	安宁河	凉攀交界	雅砻江
42	雅砻江（建设）	攀枝花	雅砻江干流	凉山州-攀枝花	
43	龙洞	攀枝花	金沙江干流	云南入川	金沙江
44	沙溪口	泸州市	长江干流	泸州出川	长江

4.3.2 流域达标率评价

先按"4.2.2 中断面水质超标评价"和"4.2.4 中断面水质类别评价"方法评价流域中各断面超标情况和类别，并按流域及该流域干流分别统计各类水质断面数量并计算达标率（水质类别为Ⅰ～Ⅲ类的断面在整条流域所有断面中所占的百分率）。

例：嘉陵江流域第 X 周各断面水质类别详见表 4-32。

表 4-32 嘉陵江流域第 X 周各断面水质类别统计表

流域	干流/支流名称	断面	水质类别
嘉陵江	西充河	西充河（玉带）	劣Ⅴ
	嘉陵江干流	清风峡	Ⅰ
		沙溪	Ⅱ
		烈面	Ⅳ
		清平	Ⅱ

评价结果：嘉陵江流域共有 5 个断面，第 X 周水质类别为Ⅰ～Ⅲ类水质的有 3 个断面，Ⅳ类水质有 1 个断面，劣Ⅴ类水质有 1 个断面，其达标率为60%。其中，嘉陵江干流第 X 周水质类别为Ⅰ～Ⅲ类水质的有 3 个断面，Ⅳ类水质有 1 个断面，其达标率为 75%，如图 4-10 所示。

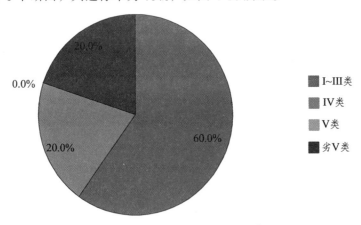

图 4-10 嘉陵江流域第 X 周达标率饼图

4.3.3 流域首要污染物评价

按"4.2.3 中'评价时间段首（次）要污染物评价'"方法分别计算出流域

及流域干流内所有断面评价时间段各日首要污染物百分率，再对流域及流域干流的所有断面日首要污染物百分率进行平均值计算。日首要污染物百分率平均值最大的评价指标为流域或流域干流该评价时间段的首要污染物。

例：某流域某月的日首要污染物及百分率如表 4-33 所示。

表 4-33　某月的日首要污染物及百分率

流域	干流/支流	断面	日首要污染天数				日首要污染物百分率				备注
			DO	I_{Mn}	NH_3-N	TP	DO	I_{Mn}	NH_3-N	TP	
某流域	X 支流	A 断面	4	6	17	3	13.3%	20.0%	56.7%	10.0%	
	Y 支流	B 断面	6	14	5	5	20.0%	46.7%	16.7%	16.7%	
	干流	C 断面	14	3	5	6	50.0%	10.7%	17.9%	21.4%	本月有 2 天停电
		D 断面	10	3	6	11	33.3%	10.0%	20.0%	36.7%	
		E 断面	7	8	8	8	23.3%	26.7%	26.7%	26.7%	有 1 天日首要污染有 2 个评价指标
		平均值	10.3	4.7	6.3	8.3	35.5%	15.8%	21.5%	28.3%	
	平均值		8.2	6.8	8.2	6.6	28.0%	22.8%	27.6%	22.3%	

根据该表可直观看出该流域该月首要污染物为溶解氧，评价结果为该流域某月首要污染物为溶解氧；其中，该流域干流的首要污染物也为溶解氧，如图 4-11 所示。

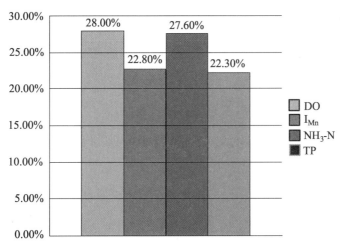

图 4-11　某流域某月的日首要污染物及百分率柱状图

4.3.4 流域水质评价方法

流域评价方法参考《地表水环境质量评价办法》中的"河流水质评价方法"进行评价。具体参照"4.1.4 评价标准中'流域'"的方法进行评价。

例 1：某流域的断面有 3 个，第 X 周各断面的水质类别统计详见表 4-34。该流域断面总数少于 5 个，先对各断面进行水质类别评价，同时计算各断面的平均值来对流域的水质类别进行评价。

表 4-34　某流域第 X 周各断面水质类别统计表

流域	干流/支流	断面	监测值（mg/L）				水质类别
			DO	I_{Mn}	NH_3-N	TP	
某流域	支流	A	6.3	5.5	1.2	0.41	劣Ⅴ
	干流	B	7.5	1.5	0.12	0.02	Ⅰ
		C	5.8	6.5	0.72	0.24	Ⅳ
		平均值	6.6	4.0	0.42	0.13	Ⅲ
	平均值		6.5	4.5	0.68	0.22	Ⅳ

评价结果：某流域第 X 周的水质类别为Ⅳ类；其干流的水质类别为Ⅲ类。

例 2：某流域的断面有 6 个，第 X 周各断面的水质类别统计详见表 4-35。该流域断面总数大于 5 个，根据"4.1.4 评价标准中'流域'"的方法，首先对该流域中断面水质类别比例进行计算，而后采用"表 4-2'河流、流域（水系）水质定性评价分级'"来对该流域进行定性评价。对流域评价后，再对该流域干流的水质情况进行评价。

表 4-35　某流域第 X 周各断面水质类别统计表

流域	干流/支流	断面	水质类别	水质类别比例		水质状况	表征颜色
				Ⅰ~Ⅲ类	劣Ⅴ类		
某流域	X 支流	A	劣Ⅴ	50%	16.7%	轻度污染	黄色
		B	Ⅰ				
	Y 支流	C	Ⅳ				
	干流	D	Ⅳ				
		E	Ⅱ				
		F	Ⅲ				
		G	Ⅳ				
			Ⅲ	—	—	—	—

评价结果：某流域第 X 周该流域的水质类别比例为：Ⅰ～Ⅲ类水质比例＜75%，且劣Ⅴ类比例＜20%，因此，该流域的水质状况为轻度污染。其中，该流域干流上有 4 个断面，根据 4 个断面的水质浓度计算得出该干流的水质类别为Ⅲ类。

4.3.5 流域水质同比评价

将本期流域及流域干流水质定性评价（水质状况）、达标率和首要污染物评价结果与去年（某年）同期流域及流域干流水质定性评价（水质状况）、达标率和首要污染物评价结果进行同比。

流域水质定性评价（水质状况）及达标率同比：当同比该流域及流域干流水质状况（水质定性评价分级）相同，评价结果为流域及流域干流同比水质均为某水质状况，水质状况无变化，再评价流域及流域干流达标率同比变化情况；若同比该流域及流域干流水质状况（水质定性评价分级）不相同，评价结果为同比水质类别由去年同期某水质状况改善（或下降）为本期的某水质状况，再对流域及流域干流达标率同比变化情况评价。

首要污染物同比：当同比该流域及流域干流首要污染物相同时，评价为该流域及流域干流首要污染物相同，均为某评价指标；当同比该流域及流域干流首要污染物不同时，分别评价本期和去年（某年）同期的首要污染物。

例：某流域的断面有 3 个，第 X 周及去年（某年）同期各断面的水质类别、首要污染物统计详见表 4-36。

表 4-36　某流域第 X 周及去年（某年）同期各断面水质类别统计表

流域	干流/支流	断面	评价时间段监测值（mg/L）								水质类别		达标率		首要污染物	
			本期				同比				本期	同比	本期	同比	本期	同比
			DO	I_{Mn}	NH₃-N	TP	DO	I_{Mn}	NH₃-N	TP						
某流域	支流	A	6.3	5.5	1.2	0.41	4.9	5.7	1.1	0.32	劣Ⅴ	Ⅴ	—	—	NH₃-N、TP	TP
	干流	B	7.5	1.5	0.12	0.02	7.6	1.8	0.15	0.02	Ⅰ	Ⅱ	—	—	—	—
		C	5.8	6.5	0.72	0.24	6.2	7.1	0.53	0.18	Ⅳ	Ⅲ	—	—	I_{Mn}、TP	—
		平均值	6.6	4.0	0.42	0.13	6.9	4.4	0.34	0.10	Ⅲ	Ⅲ	50%	100%	—	—
	平均值		6.5	4.5	0.68	0.22	6.2	4.9	0.59	0.17	Ⅳ	Ⅲ	33.3%	66.7%	NH₃-N、TP	

同比评价结果：与去年（某年）同期相比，某流域第 X 周的水质类别由去年（某年）同期的Ⅲ类下降为本期的Ⅳ类，首要污染物去年（某年）同期不评价，本期为氨氮和总磷；其干流第 X 周的水质类别与去年（某年）同期均为Ⅲ类，不评价首要污染物，如图 4-12 所示。

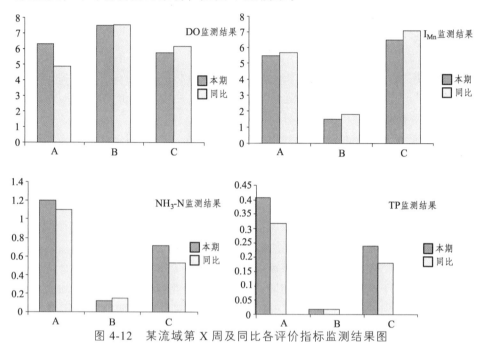

图 4-12　某流域第 X 周及同比各评价指标监测结果图

4.3.6　流域水质环比评价

将本期流域及流域干流水质定性评价（水质状况）、达标率和首要污染物评价结果与上期流域及流域干流水质定性评价（水质状况）、达标率和首要污染物评价结果进行环比。

流域水质定性评价（水质状况）及达标率环比：当环比该流域及流域干流水质状况（水质定性评价分级）相同，评价结果为环比流域及流域干流水质均为某水质状况，水质状况无变化，再评价流域达标率环比变化情况；若环比该流域及流域干流水质状况（水质定性评价分级）不相同，评价结果为环比水质类别由上期某水质状况改善（或下降）为本期的某水质状况，再对流域及流域干流达标率环比变化情况评价。

首要污染物环比：当环比该流域及流域干流首要污染物相同时，评价为该流域及流域干流首要污染物相同，均为某评价指标；当环比该流域及流域干流首要污染物不同时，分别评价本期和上期的首要污染物。

例：某流域的断面有 6 个，第 X 周及上期各断面的水质类别、首要污染物统计详见表 4-37。

表 4-37　某流域第 X 周及上期各断面水质类别统计表

流域	干流/支流	断面	水质类别 本期	水质类别 上期	达标率 本期	达标率 上期	本期 I~III类	本期 劣V类	上期 I~III类	上期 劣V类	水质状况 本期	水质状况 上期	首要污染物 本期	首要污染物 上期
某流域	X支流	A	劣V	V	50%	50%	—	—	—	—	—	—	—	—
		B	I	II			—	—	—	—	—	—	—	—
	Y支流	C	IV	III	—	—								
	干流	D	IV	IV	50%	50%	—	—	—	—	—	—	—	—
		E	II	III			—	—	—	—	—	—	—	—
		F	III	III			—	—	—	—	—	—	—	—
		G	IV	劣V			—	—	—	—	—	—	—	—
			III	IV			—	—	—	—	—	—		TP
合计					42.9%	57.1%	42.9%	14.3%	57.1%	14.3%	轻度污染	轻度污染	DO	TP

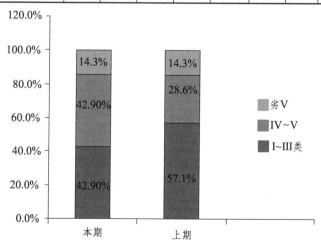

图 4-13　某流域本期及上期断面水质类别百分比图

环比评价结果：与上期相比，某流域第 X 周的水质状况无变化，均为轻度污染;该流域达标率由上期的 57.1%下降为本期的 42.9%;首要污染物环比:根据"4.3.3 流域首要污染物评价"方法得出,本期首要污染物为溶解氧,上期为总磷。其中,该干流上有 4 个断面,其水质类别由上期Ⅳ类改善为本期的Ⅲ类,上期首要污染物为总磷,本期不评价首要污染物,如图 4-13 所示。

4.4 饮用水源生物毒性预警评价

为准确、及时掌握城市居民饮用水水质变化状况,实现对饮用水源的有效监控和污染预警,基于对重点城市集中式饮用水源站(以下简称"饮用水源站"),确定评价指标为生物毒性,进行无间断监测预警。根据第二章断面水质评价内容对饮用水源站监测结果进行评价。

4.4.1 饮用水源站断面信息

以四川省为例,全省 19 个饮用水源站断面具体信息见表 4-38。

表 4-38 四川省饮用水源站断面信息

序号	水站名称	所在地	所属流域	河流(湖库)名称
1	西湾水厂	广元市	嘉陵江	嘉陵江
2	清泉寺	南充市		嘉陵江
3	西来寺	广安市		渠江
4	石溪浩	遂宁市		渠河
5	枣林村	巴中市		巴河
6	罗江	达州市		洲河
7	重龙镇	内江市资中县	沱江	沱江
8	苏家湾	内江市		濛溪河
9	双溪水库	自贡市		双溪水库
10	老鹰水库	资阳市		老鹰水库
11	水六厂	成都市	岷江	柏条河
12	人民渠	德阳市		人民渠
13	绵竹	乐山市		青衣江
14	雅安三水厂	雅安市		青衣江

序号	水站名称	所在地	所属流域	河流（湖库）名称
15	黑龙滩	眉山市		黑龙滩水库
16	攀钢文体楼	攀枝花市	金	金沙江
17	关坝堰	凉山州	沙	西河
18	三块石	宜宾市	江	金沙江
19	五渡溪	泸州市	长江	五渡溪

4.4.2　饮用水源站生物毒性报警率评价

在评价时间段内，用水质日报警次数除以当日监测次数，得到该断面的饮用水源站生物毒性报警率。

例：苏家湾水站 X 月 X 日报警率统计表（见表 4-39）。

表 4-39　苏家湾饮用水源站 X 月 X 日报警率统计表

序号	断面名称	所在河流	流域	断面性质	报警次数	监测次数	报警率(%)
1	苏家湾	濛溪河	沱江	饮用水源站	1	24	4.17

4.5　水质预警分析评价

4.5.1　水质异常预警

对为非仪器故障导致的数据异常，进行加密监测、质控样校核或实验室比对，如实记录加密监测和实验室分析结果，严密监视水位、流速和流量，并以规定快报的形式上报所在地市/县环保局和省总站，同时建议有关部门对上游主要污染源和风险源进行排查，并将排查结果及时上报省总站。在每年工作总结中，对本年度辖区内水质异常预警应对工作进行总结，总结内容包括水质异常预警次数、原因分析、应对措施等情况的详细介绍，为今后的水质异常预警工作积累经验。

水质异常分析报告提纲

一、水质异常情况汇报

水质异常发生的地点、持续时间、超标项目及超标浓度，采取措施（排除仪器故障原因，加密监测频次、质控样校核或实验室比对结果）。

二、往年同期情况比较（表或图+分析）

是否与往年同期水质变化规律相同，可能存在的原因（气候变化、偷排等）。

三、建议

总结异常情况，建议应对措施（污染排查等）。

4.5.2　关联性预警

当水质自动监测站数据出现异常或超标预警后，及时向有关部门报告情况并通知上下游所属地方环保部门，水站管理人员需密切关注监测结果，对数据进行分析和判断，及时上报各项数据。

关联性预警分析报告提纲

一、相关联上下游水站水质异常情况汇报

水质异常发生的地点、持续时间、超标项目及超标浓度，采取措施（排除仪器故障原因，加密监测频次、质控样校核或实验室比对结果）。

二、往年同期情况比较（表或图+分析）

往年同期水质情况，与现状相比较。

三、建议

总结异常情况，建议应对措施（污染排查等）。

4.5.3　应急监测

突发污染事件后，首先了解污染事件背景，明确污染事故发生情况，开展应急指挥处置；启动应急响应，进行人员调集、车辆调集，分析仪器组织工作；现场布点监测，根据污染事故发展状况适时调整监控点布控设置；采取标样核查、加标回收、实际水样比对等质控方式保障监测数据，实时上报监测数据分析报告；应急工作完成后进行总结，提出应急体系建设的建议或意见。

5 四川省水质自动监测系统介绍与管理

5.1 四川省八大流域基本情况

5.1.1 岷江流域（含大渡河和青衣江流域）概况

岷江介于东经 102°26′~104°36′、北纬 28°11′~33°09′之间。水系发源分东西两大源头，东源出自海拔 3526 m 的贡嘎岭南麓、流向西南；西源出自海拔 4000 m 的郎架岭，自北而南，与东源在虹桥关汇合形成干流，由北向南流经汶川、茂县、都江堰，穿成都平原，经眉山、乐山与宜宾注入长江。干流全长 711 km，流域面积 13.59 万平方千米，岷江所属的 12 个市辖区、5 个县级市、49 个县及 2 个自治县，自然落差 3560 m。岷江流域降水丰富，降水量随地势由北向南递增，多年平均降水量 1093 mm，上游年降水量 500~700 mm，年蒸发量 1357.7 mm，甘孜、阿坝约为 800 mm，流域分布着青衣江、峨眉山两个多雨中心，年降水量多在 1300 mm，下游一般在 1100 mm 左右，5~10 月为丰水期，降水量约占全年的 80%。岷江是长江上游流域水利最大的支流，多年平均径流深 676 mm，河口多年流量 2830 m³/s，年平均径流量 916 亿立方米。

5.1.2 沱江流域概况

沱江介于东经 103°54′~105°44′、北纬 27°39′~31°42′之间。主源绵远河发源于绵竹九顶山南麓，流至汉旺镇出山区进入成都平原，与中源石亭江和右源湔江于金堂县赵镇相汇并接纳岷江分水——毗河、青白江，穿龙泉山金堂县，经简阳、资阳、内江等市至泸州市注入长江。干流全长 629 km，流域面积 2.78 万平方千米，包括沱江所属的 9 个市辖区、6 个县级市及 16 个县，自然落差 2354 m。沱江水系总体上呈树枝状，有大小支流 60 余条，较大的支流有左岸的濑溪河、大清河、阳化河和右岸的威远河、球溪河等。沱江流域降水量随地势由北向南递减，多年平均降水量 1029 mm，其中上游山区为 1200～1700 mm，成都平原 850～1100 mm，中下游丘陵为 800～1500 mm，内江地区相对较少，全流域 6—10 月流域降雨占全年的 70%。沱江多年平均径流量 149 亿立方米，丰水年径流量为 262.4×10^8 m^3，枯水年径流量为 66.2×10^8 m^3。

5.1.3   嘉陵江流域概况

嘉陵江介于东经 105°55′～106°14′、北纬 30°11′～32°50′之间。嘉陵江上源为白龙江和西汉水，直至陕西省汉中市略阳县两河口以下，在四川境内以广元市元坝区昭化镇以上为上游，昭化镇至广安出川段为中游，经南充，至广安流出重庆，共经过 58 个区市县，干流有近 800 km。春夏时节，流域内降雨自东向西移动，年降水量在 1000 mm，其中 50% 集中在 7～9 月。嘉陵江出口年平均径流量 701 亿立方米。

5.1.4   渠江流域概况

渠江介于东经 106°53′～107°26′、北纬 30°1′～32°25′之间。渠江发源于四川、陕西交界的大巴山南麓南江县，流经四川，于岳池县丹溪口进入重庆合川境，流域面积 39 220 km^2，河道长 671 km。渠江水系呈心形发育，自上而下主要支流有神谭河、恩阳河、通河、州河和流江河。渠江年平均降雨量为 1050 mm，其中 4～10 月份为 1009 mm，占全年总雨量的 96%，其中以 7 月最多，6、9 月次之。渠江出口水文控制站罗渡溪多年平均流量为 720 m^3/s。

5.1.5   涪江流域概况

涪江介于东经 104°9′～106°45′、北纬 30°21′～32°31′之间。涪江发源于四川省松潘县与平武县之间的岷山主峰雪宝顶，流经平武县、江油市、绵阳市、三台县、射洪县、遂宁市，至重庆，全长 700 km，流域面积 3.64 万平方千米。涪江流域多年平均降水量达 1200 mm，上游区域多年平均降水量可达 1400 mm，下游区域大部分地区多年平均降水量不足 1000 mm，每年 6—8 月降水量一般占全年的 50% 以上，12 月至次年 5 月则不足年度的 20%。多年平均径流量 572 m^3/s。

5.1.6 金沙江流域（四川段）概况

金沙江（四川段）介于东经 101°50′~104°38′、北纬 26°4′~28°46′之间。金沙江（四川段）河长 106 km，过新市镇转向东流，进入四川盆地，经绥江、屏山、水富、安边等地。右岸汇入金沙江最后一条支流横江，再流 28.5 km 到达宜宾市。金沙江（四川段）河段两侧山地多年降水量约为 900~1300 mm，特别是大凉山地区年降水量高达 1500 mm 以上。

5.1.7 雅砻江流域概况

雅砻江介于东经 101°47′~101°56′、北纬 26°35′~28°36′之间。雅砻江发源于巴颜喀拉山南麓，经青海流入四川，于攀枝花市三堆子入金沙江，石渠以上为石渠河，流经丘状高原地区，石渠以下称雅砻江，由山原地貌逐渐进入高山峡谷地带，为横断山区南北向的主要河系之一，全长 1571 km，四川境内 1357 km，流域面积 13.6 万平方千米，河口多年平均流量为 1860 m³/s。

5.1.8 长江干流（四川段）概况

长江干流（四川段）介于东经 104°38′~105°51′、北纬 28°46′~28°56′之间。长江干流于宜宾市由金沙江和岷江汇流形成，沿途接纳左岸沱江，右岸永宁河、赤水河等支流汇入，途径宜宾市翠屏区、江阳区、南溪区，泸州合江县、泸州市，四川境内干流全长 224 km。

5.2 四川省水质自动监测系统介绍

四川省水质自动监测系统是指对水环境质量要素进行样品采集、自动分析、动态校准、数据采集、数据传输、信息发布及条件保障等组成的系统。主要包括水质自动监测管理平台、质量管理实验室和各水质自动监测站（以下简称"水站"）。其中，水站由各分析指标检测单元、采水系统、配水与进水系统、控制系统、辅助系统及站房等组成。

四川省已建有 62 个水质自动监测站，其中包括 5 个国控水站，57 个省控水站，分布在除甘孜、阿坝外的 19 个市、州，覆盖于我省长江、岷江、沱江、嘉陵江、渠江、涪江、雅砻江、金沙江八大流域的重要干、支流。62个水站按八大流域分布具体为：岷江流域（含大渡河和青衣江）15个，沱江流域19个，嘉陵江流域6个，渠江流域9个，涪江流域6个，雅砻江流域2个，金沙江流域3个，长江流域2个。62个水站按其功能分为三类：重点城市集中式饮用水源站19个（简称"饮用水源站"）；省、市州、县交界断面水站28个（简称"交界断面水站"）；重点流域、湖库水站15个（简称"控制断面水站"）。水站的仪器设备根据其水质功能及污染情况有所不同，其中饮用水源水站的监测项目主要包括水温、pH、溶解氧、电导率、浊度、生物毒性；交界断面水站的监测项目主要包括水温、pH、溶解氧、电导率、浊度、高锰酸盐指数、氨氮、总磷、总氮等；重点流域、湖库水站的监测项目主要包括水温、pH、溶解氧、电导率、浊度、高锰酸盐指数、氨氮、总磷、总氮，同时部分水站还选择性地配备了铜、铅、锌、镉、砷、汞、硒等重金属、高氯酸盐、叶绿素等指标。

5.2.1 四川省水质自动监测站建设过程

环保部投资建设的5个水站，四川省环保厅投资建设的20个水站，2008年灾后重建新建的25个水质自动站，2009年省级资金环境监测能力建设3个水站，2010年省级资金环境监测能力建设8个水站，以及德阳市饮用水源地水质预警断面人民渠，组成了我省的水质自动监测系统。

最早建设的5个国控水站和20个省控水站均属于跨界控制断面，其中南充清泉寺水站既属于重点流域控制断面，又属于南充市饮用水源地水质预警断面。2008年汶川大地震灾后重建新建的25个水质自动站中，有14个重点流域控制水质自动监测站和11个城市集中式饮用水源地水质预警自动监测站。2009年环境监测能力建设项目建3个水质自动监测站，分别为达州罗江和化工园区（洲河）以及大洪河黎家乡水质自动站，其中，罗江站属于达州市饮用水源地水质预警断面，化工园区（洲河）属于市控制断面，黎家乡站为广安市邻水县与重庆长寿区界湖断面。2010年省级资金环境监测能力建设项目建8个水站，分别为：宜宾金沙江三块石为云南、四川交界断面，广安御临河幺滩为邻水县与重庆长寿区交界，自贡廖家堰为自贡、内江市界断面，凉山州关坝堰为西昌市西河饮用水水源地水质预警断面，泸州长江五渡溪为饮用水水源地水质预警断面，泸州长江沙溪口为长江流域泸渝交界断面，另外还包括攀枝花市饮用水预警自动站和米易县跨界断面水站。四川省地表水水质自动监测站情况统计表见表5-1。

表 5-1 四川省省级水质自动监测系统统计表

序号	水站名称	所在地	所属流域	河流（湖库）名称	建设情况	监测指标	分析仪器型号及名称	断面性质	水站类别	水站编号	经纬度
1	烈面	广安市武胜县烈面镇	嘉陵江	嘉陵江		五参数（温度、pH、DO、电导率、浊度）、氨氮、高锰酸盐指数、总磷、流量	力合 LFWCS-2008 五参数、力合 LFS-2002（NH$_4$）氨氮、力合 LFS-2002（COD$_{Mn}$）COD$_{Mn}$、力合 LFS-2002（TP）总磷、YSISL500 流量仪	支界	省控	NO.51 29	E106.11056° N30.50333°
2	凉滩	广安市广安区广兴镇	嘉陵江	渠江	2016年改造	五参数（温度、pH、DO、电导率、浊度）、氨氮、高锰酸盐指数、总磷、流量		支界		NO.51 35	E106.91111° N30.64944°
3	赛龙	广安市岳池县赛龙乡	嘉陵江	渠江		五参数（温度、pH、DO、电导率、浊度）、氨氮、高锰酸盐指数、总磷、流量	力合 LFWCS-2008 五参数、力合 LFS-2002（NH$_4$）氨氮、力合 LFS-2002（COD$_{Mn}$）COD$_{Mn}$、岛津 TNP-4110 总磷氨氮测试仪、YSISL500 流量仪	出川		NO.51 36	E106.54389° N30.31583°
4	西来寺	广安市广安区协兴镇	嘉陵江	渠江	2011年9月	五参数（温度、pH、DO、电导率、浊度）、生物毒性	YSI 6820 V2 五参数分析仪、AppliTek VibrioTox 生物毒性仪	饮用水源	省级	NO.51 37	E106.66183° N30.51493°
5	清平	广安市武胜县清平镇	嘉陵江	嘉陵江		五参数（温度、pH、DO、电导率、浊度）、氨氮、高锰酸盐指数、总磷、流量	YSI 6820 V2 五参数分析仪、HACHAMTAXTM sc 氨氮测试仪、是能 spectro::lyser™COD$_{Mn}$ 测试仪、岛津 TNP-4110 总磷总氮测试仪、YSISL500 流量仪	出川	省级	NO.51 30	E 106.22° N 30.26°
6	黎家乡	广安市邻水县黎家乡	长江	大洪河		五参数（温度、pH、DO、电导率、浊度）、氨氮、高锰酸盐指数、总磷、流量	YSI 6820V2 五参数分析仪、HACHAMTAXTM sc 氨氮测试仪、是能 spectro::lyser™COD$_{Mn}$ 测试仪、SERES2000 大环总磷、YSISL500 流量仪	出川	省级	NO.51 21	E 106.99444° N 30.08417°

续表

序号	水站名称	所在地	所属流域	河流（湖库）名称	建设情况	监测指标	分析仪器型号及名称	断面性质	水站类别	水站编号	经纬度
7	幺滩	广安市邻水县幺滩乡	长江	御临河	2016年改造	五参数（温度、pH、DO、电导率、氨氮、锰酸盐指数、总磷、流量）	力合 LFWCS-2008 五参数、力合 LFS-2002（NH）氨氮、力合 LFS-2002（COD_{Mn}）COD_{Mn}、力合 LFS-2002（TP）总磷、YSISL500流量仪	出川		NO.51 24	E 107.01111° N 30.20583°
8	枣林村	巴中市巴州区枣林村	嘉陵江	巴河	2011年9月	五参数（温度、pH、DO、电导率）、生物毒性	YSI 6820 V2 五参数分析仪、AppliTek VibrioTox 生物毒性仪	饮用水源	省级	NO.51 33	E106.7468° N31.9211°
9	江陵	达州市达县江陵镇	嘉陵江	渠江	2016年改造	五参数（温度、pH、DO、电导率、氨氮、高锰酸盐指数、总磷、流量）	SERES 2000 久环 五参数、SERES 2000 久环 COD_{Mn}、PhotoTek6000 明石氨氮、YSISL500流量仪、SERES 2000 久环总磷	交界	省级	NO.51 34	E107.22917° N31.4125°
10	罗江	达州市通川区	嘉陵江	洲河	2011年9月	五参数（温度、pH、DO、电导率）、生物毒性	YSI 6820 V2 五参数分析仪、AppliTek VibrioTox 生物毒性仪	饮用水源		NO.51 40	E 107.56272° N 31.31439°
11	化工园区	达州市通川区	嘉陵江	洲河	2011年9月	五参数（温度、pH、DO、电导率、氨氮、锰酸盐指数、总磷、流量）	HACHAMTAXTM sc 氨氮测试仪、是能 spectro:: lyser™COD测试仪、YSISL500流量仪	控制		NO.51 39	E 107.74222° N 31.17833°
12	清风峡	广元市朝天区清风村	嘉陵江	嘉陵江	2006年12月	五参数（温度、pH、DO、电导率、氨氮、TOC、流量）	SENSOLYT 700IQ 五参数仪、TreeCon A111 氨氮测试仪、岛津 TOC-4100 分析仪	入川	国控	NO.51 01	E105.8806° N32.6653°

续表

序号	水站名称	所在地	所属流域	河流（湖库）名称	建设情况	监测指标	分析仪器型号及名称	断面性质	水站类别	水站编号	经纬度
13	西濠水厂	广元市利州区工农镇	嘉陵江	嘉陵江	2011年9月	五参数（温度、pH、DO、电导率、浊度）、生物毒性	YSI 6820 V2 五参数分析仪、AppliTek VibrioTox 生物毒性仪	饮用水源	省级	NO.5142	E105.8466° N32.4785°
14	清泉寺	南充市顺庆区舞凤镇	嘉陵江	嘉陵江	2016年改造	五参数（温度、电导率、浊度）、pH、DO、氨氮、高锰酸盐指数、生物毒性（发光菌、新月藻）	SERES 2000 久环 COD_{Mn}、PhotoTek6000 朗石氨氮、AppliTek VibrioTox 生物毒性仪、WEMS HK-1100 毒性仪	饮用水源	省级	NO.5131	E106.12222° N30.83556°
15	西充河	南充市顺庆区新建镇	嘉陵江	西充河	2011年9月	五参数（温度、DO、电导率、浊度）、氨氮、高锰酸盐指数、流量	YSI 6820 V2 五参数分析仪、HACHAMTAXTM sc 氨氮测试仪,是能 spectro::lyser™ COD_{Mn} 仪、YSISL500 流量	控制		NO.5141	E106.06339° N30.79161°
16	沙溪	南充市阆中市大石板村	嘉陵江	嘉陵江	2016年改造	五参数（温度、pH、DO、电导率、浊度）、氨氮、高锰酸盐指数、总磷、流量	SERES 2000 久环 COD_{Mn}、PhotoTek6000 朗石氨氮、SERES 2000 久环五参数、YSISL500 流量	支流	省级	NO.5138	E105.95406° N31.62061°
17	沱江二桥	泸州市江阳区	沱江	沱江	2012年7月改造	五参数（温度、pH、DO、电导率、浊度）、氨氮、高锰酸盐指数、总磷、叶绿素、生物毒性、VOCS	哈希 SC1000 五参数仪、杰 JAWA-1005 氨氮分析仪、哈希 DKK-COD-203A 高锰酸盐指数分析仪、格维恩 MICROLAN ToxControl 生物毒性仪、YSI 600CHL 叶绿素、日本岛津 TNP-4110 总磷总氮测试仪、英福康 cms5000 VOCs 分析仪	控制	国控	NO.5105	E105.44072° N28.89406°

续表

序号	水站名称	所在地	所属流域	河流（湖库）名称	建设情况	监测指标	分析仪器型号及名称	断面性质	水站类别	水站编号	经纬度
18	大磨子	泸州市泸县海潮镇	沱江	沱江	2015年6月改造	五参数（温度、pH、DO、电导率、浊度），氨氮、高锰酸盐指数、总磷、流量	YSI EX01 五参数仪、WTW TresCon UN0 氨氮测试仪、科泽 K-301 高锰酸盐指数分析仪、SERES 2000 久环总磷、YSISL500 流量仪	交界		NO.51 61	E105.25869° N28.96844°
19	方洞	泸州市泸县方洞镇	沱江	濑溪河	2011年9月	五参数（温度、pH、DO、电导率、浊度），氨氮、高锰酸盐指数、总磷、流量	YSI 6820 V2 五参数分析仪、HACHAMTAXTM sc 氨氮测试仪、是能 spectro::lyser™COD_Mn 测试仪、SERES 2000 久环总磷、YSISL500 流量仪	入川	省级	NO.51 67	E105.45694° N29.25942°
20	沙溪口	泸州市合江县白米乡	长江	长江	2011年	五参数（温度、pH、DO、电导率、浊度），氨氮、高锰酸盐指数、总磷总氮、流量	YSI 6820 V2 五参数分析仪、AppliTek Envirolyzer 氨氮、是能 spectro::lyser™COD_Mn 测试仪、岛津 TNP-4110 总磷总氮测量仪、YSISL500 流量仪	出川		NO.51 22	E105.87792° N28.89008°
21	五渡溪	泸州市江阳区	长江	五渡溪	2011年	五参数（温度、pH、DO、电导率、浊度），生物毒性（发光菌、新月藻）	YSI 6820 V2 五参数分析仪、AppliTek VibrioTox 生物毒性仪、WEMS HK-1100 生物毒性仪	饮用水源		NO.51 23	E105.4015° N28.86556°
22	宏缘	资阳市简阳市三星镇	沱江	沱江	2015年6月改造	五参数（温度、pH、DO、电导率、浊度），氨氮、高锰酸盐指数、总磷、流量	YSI EX01 五参数仪、WTW TresCon UN0 氨氮测试仪、科泽 K-301 高锰酸盐指数分析仪、SERES 2000 久环总磷、YSISL500 流量仪	交界	省级	NO.51 64	E104.89425° N31.01836°

续表

序号	水站名称	所在地	所属流域	河流（湖库）名称	建设情况	监测指标	分析仪器型号及名称	断面性质	水站类别	水站编号	经纬度
23	老鹰水库	资阳市雁江区临江镇	沱江	老鹰水库	2011年9月	五参数（温度、pH、DO、电导率、浊度、生物毒性）	YSI 6820 V2 五参数分析仪、AppliTek VibrioTox 生物毒性仪	饮用水源		NO.51 68	E104.86808° N30.31786°
24	香山	遂宁市射洪县香山镇	嘉陵江	涪江	2016年改造	五参数（温度、pH、DO、电导率）、氨氮、高锰酸盐指数、总磷、流量	力合 LFWCS-2008 五参数、力合 LFS-2002（NH）氨氮、力合 LFS-2002（COD_{Mn}）COD_{Mn}、力合 LFS-2002(TP)总磷、YSISL500流量仪	支杂	省级	NO.51 28	E105.85° N31.35°
25	老池	遂宁市射洪县老池乡	嘉陵江	涪江	2014年8月重建	五参数（温度、pH、DO、电导率）、氨氮、总磷、酸盐指数、砷、总铬、六价铬、镉、铅、流量	力合 LFNH-DW2001 氨氮、力合 LFKM-DW2001 高锰酸盐指数、力合 LFAs-DW2001 砷、LFCR-DW2001 六价铬、LFTZ-DW2001 重金属分析仪、津 TNP-4110 总磷总氮测试仪、YSISL500流量仪	出川		NO.51 26	E106.19894° N30.66719°
26	大安	遂宁市安居区大安镇	嘉陵江	琼江	2011年9月	五参数（温度、pH、DO、电导率）、氨氮、高锰酸盐指数、总磷、总氮、流量	YSI 6820 V2 五参数分析仪、HACHAMTAXTM sc 氨氮测试仪、是能 spectro::lyser™COD_{Mn}仪、是能 spectro::lyser™总磷测试仪、日本岛津 TNP-4110 总磷总氮测试仪、YSISL500流量仪	出川	省级	NO.51 27	E105.5927°N 30.3143°
27	石溪浩	遂宁市船山区	嘉陵江	渠河	2011年9月	五参数（温度、pH、DO、电导率、生物毒性）（发光菌、新月藻）	YSI 6820 V2 五参数分析仪、AppliTek VibrioTox 生物毒性仪、WEMS HK-1100 生物毒性仪	饮用水源		NO.51 32	E105.5453° N30.5678°

续表

序号	水站名称	所在地	所属流域	河流（湖库）名称	建设情况	监测指标	分析仪器型号及名称	断面性质	水站类别	水站编号	经纬度
28	幸福村	资阳市忠义镇幸福村	沱江	沱江	2014年6月改造	五参数（pH、DO、电导率、氨氮、高锰酸盐指数、总磷、流量）	Y1S EX01 五参数分析仪、WTW TreeCon A111 氨氮测试仪、SERES 2000 久环高锰酸盐指数分析仪、SERES 2000 久环总磷、YSISL500流量仪	支界	省级	NO.5174	E104.65556° N29.96403°
29	苏家湾	内江市资中县苏家湾镇	沱江	濛溪河	2011年9月	五参数（温度、pH、DO、电导率、浊度）、生物毒性（发光菌、新月藻）	YSI 6820 V2 五参数分析仪、AppliTek VibrioTox 生物毒性仪、WEMS HK-1100 生物毒性仪	饮用水源		NO.5169	E104.97° N29.70°
30	重龙镇	内江市资中县重龙镇	沱江	沱江	2011年9月	五参数（温度、pH、DO、电导率、浊度）、生物毒性	YSI 6820 V2 五参数分析仪、AppliTek VibrioTox 生物毒性仪	饮用水源		NO.5176	E104.83° N29.79°
31	球溪	内江市资中县球溪镇	沱江	球溪河	2011年9月	五参数（温度、pH、DO、电导率、氨氮、高锰酸盐指数、流量）	HACHAMTAXTM sc 测试仪、是能 spectro::lyser™COD_Mn 测试仪、SERES 2000 久环总磷、YSISL500流量仪	控制	省级	NO.5172	E104.62° N29.92°
32	脚仙村	自贡市富顺县庙坝镇	沱江	沱江	2015年6月改造	五参数（温度、pH、DO、电导率、氨氮、高锰酸盐指数、总磷、流量）	YSI EX01 五参数仪、WTW TresCon UN0 氨氮测试仪、科泽K-301 高锰酸盐指数分析仪、SERES 2000 久环总磷、YSISL500流量仪	支界	省级	NO.5166	E105.008° N29.437°

续表

序号	水站名称	所在地	所属流域	河流（湖库）名称	建设情况	监测指标	分析仪器型号及名称	断面性质	水站类别	水站编号	经纬度
33	邓关站	自贡市沿滩区邓关镇	沱江	釜溪河	2011年9月	五参数（温度、pH、DO、电导率、氨氮）、高锰酸盐指数、流量	YSI 6820 V2 五参数分析仪、HACHAMTAXTM sc 是能 spectro::lyser™COD$_{Mn}$ 测试仪、YSI 600CHL 叶绿素、岛津 TNP-4110 总磷总氮测试仪、YSISL500 流量仪	控制		NO.5162	E104.943° N29.175°
34	双溪水库	自贡市荣县旭阳镇	沱江	双溪水库	2011年9月	五参数（温度、pH、DO、电导率、氨氮）、生物毒性	YSI 6820 V2 五参数分析仪、AppliTek VibrioTox 生物毒性仪	饮用水源		NO.5163	E104.406° N29.488°
35	廖家堰	自贡市大安区	沱江	威远河	2011年	五参数（温度、pH、DO、电导率、氨氮）、高锰酸盐指数、总磷、流量	YSI 6820 V2 五参数分析仪、AppliTek Envirolyzer 氨氮测试仪、是能 spectro::lyser™COD$_{Mn}$ 测试仪、SERES 2000 久环总磷仪、YSISL500 流量仪	交界		NO.5173	E104.743° N29.434°
36	梓桐村	成都市金堂县清江镇	沱江	北河	2014年6月改造	五参数（水温、电导、pH、DO）、氨氮、高锰酸盐指数、总磷、流量	YIS EX01 五参数分析仪、WTW TreeCon A111 氨氮测试仪、SERES 2000 久环高锰酸盐指数分析仪、SERES 2000 久环总磷、YSISL500 流量仪	交界	省级	NO.5160	E104.37194° N30.91222°
37	清江	成都市金堂县清江镇	沱江	清白江	2011年9月	五参数（水温、电导、pH、DO）、氨氮、高锰酸盐指数、流量	YSI 6820 V2 五参数分析仪、HACHAMTAXTM sc 是能 spectro::lyser™COD$_{Mn}$ 测试仪、YSISL500 流量仪	交界		NO.5171	E104.37028° N30.91222°

续表

序号	水站名称	所在地	所属流域	河流（湖库）名称	建设情况	监测指标	分析仪器器型号及名称	断面性质类别	水站类别	水站编号	经纬度
38	淮口	成都市金堂县淮口镇	沱江	沱江	2011年9月	五参数（水温、浊度、电导、pH、DO）、氨氮、高锰酸盐指数、生物毒性、流量	YSI 6820 V2 五参数分析仪、HACHAMTAXTM sc 氨氮测试仪、Iyser™COD_Mn 智能 spectro::测试仪、AppliTek VibrioTox 生物毒性仪、YSISL500 流量仪	控制		NO.51 65	E104.4850° N30.78944°
39	沙堆	德阳市广汉市连山镇	沱江	绵远河	2011年9月	五参数（水温、浊度、电导、pH、DO）、氨氮、高锰酸盐指数	YSI 6820 V2 五参数分析仪、HACHAMTAXTM sc 氨氮测试仪、Iyser™COD_Mn 智能 spectro::测试仪	控制	省级	NO.51 70	E104.39944° N31.06306°
40	川江	德阳市广汉市连山镇	沱江	鸭子河	2011年9月	五参数（水温、浊度、电导、pH、DO）、氨氮、高锰酸盐指数、重金属	YSI 6820 V2 五参数分析仪、WTW TresCon A1111 氨氮测试仪、德国科泽 K301 COD（Mn）全自动分析仪、Thermo EcaMON 10 阳极溶出重金属测试仪	控制		NO.51 75	E104.38056° N30.95306°
41	人民渠	德阳市绵竹市孝德镇	岷江	人民渠	2016年改造	五参数（水温、浊度、电导、pH、DO）、氨氮、高锰酸盐指数、氟化物、总磷、重金属	力合氨氮、力合高锰酸盐指数、力合总磷、力合氟化物分析仪、氟化物、硫化物、六价铬、铁、砷、锰重金属分析仪	饮用水源		NO.51 76	E104.23433° N31.28666°

续表

序号	水站名称	所在地	所属流域	河流（湖库）名称	建设情况	监测指标	分析仪器型号及名称	断面性质	水站类别	水站编号	经纬度
41	人民渠	德阳市绵竹市孝德镇	岷江	人民渠	2016年改造	五参数（水温、浊度、电导、pH、DO）、氨氮、高锰酸盐指数、氟化物、硫化物、总磷、重金属	力合LFWCS-2008五参数、力合LFEC-2006（NH）氨氮、力合LFS-2002（COD_Mn）高锰酸盐指数、力合LFEC-2006（F）氟化物、力合LFS-2002（TP）总磷、LFS-2002（As）砷、LFEC-2006重金属分析仪、LFS-2002（Hg）汞、LFS-2002（Fe）铁、LFS-2002（Mn）锰、LFS-2002（Cr）六价铬、LFS-2002（S）硫化物、LFS-2002（CN）氰化物	饮用水源		NO.5176	E104.23433° N31.28666°
42	黎明村	成都市都江堰市紫坪铺镇	岷江	岷江	2015年5月改造	五参数（温度、pH、DO、电导率、浊度）、氨氮、高锰酸盐指数	YSI EX01 五参数仪、WTW TresCon UN0 氨氮测试仪、科泽K-301高锰酸盐指数分析仪	交界		NO.5150	E103.58436° N31.01853°
43	紫坪铺水库	成都市都江堰市紫坪铺镇	岷江	紫坪铺水库	2011年9月	五参数（温度、pH、DO、电导率、浊度）、氨氮、高锰酸盐指数、叶绿素、总氮	YSI 6820 V2 五参数仪、HACHAMTAXTM sc 氨氮测试仪、智能 spectro:: lyser™COD_Mn测试仪、YSI 600CHL 叶绿素、TNP-4110 总氮测试仪	控制	省级	NO.5159	E103.56847° N34.04403°
44	悦来渡口	乐山市中区悦来乡	岷江	岷江	2015年5月改造	五参数（温度、pH、DO、电导率、浊度）、氨氮、高锰酸盐指数、总磷、流量	YSI EX01 五参数仪、WTW TresCon UN0 氨氮测试仪、科泽K-301高锰酸盐指数分析仪、SERES 2000 久环总磷、YSISL500 流量仪	交界	省级	NO.5158	E103.2655° N29.2606°

续表

序号	水站名称	所在地	所属流域	河流（湖库）名称	建设情况	监测指标	分析仪器型号及名称	断面性质	水站类别	水站编号	经纬度
45	岷江大桥	乐山市市中区	岷江	岷江	2012年7月改造	五参数（温度、pH、DO、电导率、浊度、氨氮）、锰酸盐指数高	哈希公司 SC1000 五参数仪、JAWA-1005 氨氮测试仪、哈希公司 COD 203 COD$_{Mn}$ 测试仪	控制	国控	NO.5104	E103.69431° N29.61628°
46	棉竹	乐山市棉竹镇	岷江	青衣江	2011年9月	五参数（温度、pH、DO、电导率、浊度、氨氮）、锰酸盐指数、生物毒性（发光菌、新月藻）、流量	YSI 6820 V2 五参数分析仪、HACHAMTAXTM sc 氨氮测试仪、是能 spectro:: lyser™COD$_{Mn}$ 测试仪、AppliTek VibrioTox 生物毒性仪、WEMS HK-1100 生物毒性仪、YSISL500 流量仪	控制及饮用水源	省级	NO.5152	E 103.86° N 29.75°
47	杪椤峡	眉山市洪雅县槽鱼滩镇	岷江	青衣江	2015年6月改造	五参数（温度、pH、DO、电导率、浊度、氨氮）、锰酸盐指数、总磷、流量	YSI EX01 五参数仪、TresCon UN0 氨氮测试仪、K-301 高锰酸盐指数分析仪、SERES 2000 久环总磷、YSISL500 流量仪、WTW 科泽	交界	省级	NO.5154	E103.14528° N29.89861°
48	雅安三水厂	雅安市雨城区多营镇	岷江	青衣江	2011年	五参数（温度、pH、DO、电导率、浊度、高氯酸盐、生物毒性）	YSI 6820 V2 五参数分析仪、力合 LFIC-2012 高氯酸盐分析仪、AppliTek VibrioTox 生物毒性仪	饮用水源	省级	NO.5153	E102.97695° N30.00194°
49	关坝堰	西昌市四合乡	金沙江	西河	2011年	五参数（温度、pH、DO、电导率、浊度、生物毒性）	YSI 6820 V2 五参数分析仪、AppliTek VibrioTox 生物毒性仪	饮用水源	省级	NO.5145	E102.2666° N27.9261°

续表

序号	水站名称	所在地	所属流域	河流（湖库）名称	建设情况	监测指标	分析仪器型号及名称	断面性质	水站类别	水站编号	经纬度
50	水六厂	成都市郫县三道堰	岷江	柏条河	2011年9月	五参数（温度、pH、DO、电导率、浊度），生物毒性（发光菌、月藻）	YSI 6820 V2 五参数分析仪、是能 spectro:: lyser™COD$_{Mn}$ 测试仪、AppliTek VibrioTox 生物毒性仪、WEMS HK-1100 生物毒性仪	饮用水源	省级	NO.5147	E103.8775° N30.74972°
51	丰谷	绵阳市涪城区丰谷镇	嘉陵江	涪江	2016年改造	五参数（温度、pH、DO、电导率、浊度），氨氮、高锰酸盐指数	SERES 2000 久环五参数分析仪、SERES 2000 久环高锰酸盐指数分析仪、PhotoTek6000 朗石氨氮分析仪	控制	省级	NO.5125	E104.8316° N31.35458°
52	龙洞	攀枝花市格里坪镇	金沙江	金沙江	2012年改造	五参数（温度、pH、DO、电导率、浊度），氨氮、高锰酸盐指数	哈希公司 SC1000 五参数仪、JAWA-1005 氨氮测试仪、哈希公司 COD 203 COD$_{Mn}$ 测试仪	入川	国控	NO.5102	E101.50643° N26.59738°
53	攀钢文体楼	攀枝花市东区	金沙江	金沙江	2011年	五参数（温度、pH、DO、电导率、浊度），生物毒性	YSI 6820 V2 五参数分析仪、AppliTek VibrioTox 生物毒性仪	饮用水源	省级	NO.5143	E101°41′29.48″ N26°33′15.85″
54	昔街大桥	攀枝花市米易县	金沙江	安宁河	2011年	五参数（温度、pH、DO、电导率、浊度），氨氮、高锰酸盐指数、总磷、流量	YSI 6820 V2 五参数分析仪、AppliTek Envirolyzer 氨氮、是能 spectro:: lyser™COD$_{Mn}$ 测试仪、SERES 2000 久环总磷测量仪、YSISL500 流量仪	交界	省级	NO.5146	E102°12′10.36″ N27°5′50.97″

续表

序号	水站名称	所在地	所属流域	河流（湖库）名称	建设情况	监测指标	分析仪器型号及名称	断面性质	水站类别	水站编号	经纬度
55	凉姜沟	宜宾市岷江东路	岷江	岷江	2012年11月改造	五参数（温度、pH）、DO、电导率、速度）、氨氮、高锰酸盐指数、总磷、生物毒性、VOCs	哈希公司SC1000五参数仪、JAWA-1005氨氮测试仪、哈希公司DKK-COD 203 COD_{Mn}测试仪、MICROLAN生物毒性仪、SERES 2000久环总磷、英福康cms5000 VOCs	控制断面	国控	NO.5103	E104.62917° N28.77778°
56	月波	宜宾市蕨溪镇	岷江	岷江	2014年6月改造	五参数（温度、pH、DO、电导率、速度）、氨氮、高锰酸盐指数、总磷、流量	YIS EX01五参数分析仪、WTW TreeCon A111氨氮测试仪、SERES 2000久环高锰酸盐指数分析仪、SERES 2000久环总磷、YSISL500流量仪	交界	省级	NO.5157	E104.17667° N29.04500°
57	三块石	宜宾市宜宾县安边镇	金沙江	金沙江	2011年	五参数（温度、pH、DO、电导率、速度）、氨氮、高锰酸盐指数、总磷、生物毒性、流量	YSI 6820 V2五参数分析仪、AppliTek Envirolyzer氨氮、lyser™COD_{Mn}测spectro::、SERES 2000久环总磷、YSISL500流量仪	入川及饮用水源		NO.5144	E104.45480° N28.6399°
58	董坝子	眉山市彭山县青龙镇	岷江	南河	2014年6月改造	五参数（温度、pH、DO、电导率、速度）、氨氮、高锰酸盐指数、总磷、流量	WTWIQ 2020五参数分析仪、WTW TreeCon A111氨氮测试仪、SERES 2000久环高锰酸盐指数分析仪、SERES 2000久环总磷、YSISL500流量仪	交界	省级	NO.5151	E103.01343° N30.00543°
59	黄龙溪	眉山市彭山县净皇乡	岷江	府河		五参数（温度、pH、DO、电导率、速度）、氨氮、高锰酸盐指数、总磷、流量	SERES 2000久环总磷、YSISL500流量仪	交界		NO.5148	E103.01605° N30.00519°

续表

序号	水站名称	所在地	所属流域	河流（湖库）名称	建设情况	监测指标	分析仪器型号及名称	断面性质	水站类别	水站编号	经纬度
60	松江	眉山市东坡区松江镇	岷江	体泉河	2011年9月	五参数（温度、pH、DO、电导率、浊度）、氨氮、高锰酸盐指数、流量	YSI 6820 V2 五参数分析仪、HACHAMTAXTM sc 氨氮测试仪、是能 spectro::lyser™COD$_{Mn}$ 测试仪、YSISL500流量测量仪	控制		NO.5155	E103.806396°N29.99667°
61	青龙	眉山市彭山县青龙镇	岷江	通济堰	2011年9月	五参数（温度、pH、DO、电导率、浊度）、氨氮、高锰酸盐指数、重金属、流量	YSI 6820 V2 五参数分析仪、HACHAMTAXTM sc 氨氮测试仪、是能 spectro::lyser™COD$_{Mn}$ 测试仪、Thermo EcaMON 10 阳极溶出重金属测试仪、YSISL500流量测量仪	交界		NO.5156	E103.84389°N30.33222°
62	黑龙滩	眉山市仁寿县黑龙滩镇	岷江	黑龙滩水库	2011年9月	五参数（温度、pH、DO、电导率、浊度）、生物毒性（发光菌、新月藻）	YSI 6820 V2 五参数分析仪、AppliTek VibrioTox 生物毒性仪、WEMS HK-1100 生物藻性仪	饮用水源		NO.5149	E104.0417°N30.05861°
63	贡井	自贡市大安区凤凰乡	沱江	旭水河	2013年仪器运行验收	五参数、高锰酸盐指数、氨氮、总磷、总氮、氟化物、流量	LFWCS-2007 五参数分析仪、高锰酸盐指数分析仪、LFNH-DW2001 氨氮测试仪、LFTN-DW2001 总氮测试仪、LFTP-DW2001 总磷测试仪、LFF-DW2002 氟化物测试仪、美国 YSISL500 流量测量仪	区县界	市控		E104.73410°N29.36249°

续表

序号	水站名称	所在地	所属流域	河流（湖库）名称	建设情况	监测指标	分析仪器型号及名称	断面性质	水站类别	水站编号	经纬度
64	自流井	自贡市大安区和平乡	沱江	釜溪河	2014年仪器运行验收	五参数、氨氮、高锰酸盐指数、总磷、总氮、氟化物、流量	LFWCS-2007 五参数分析仪、LFKM-DW2001 高锰酸盐指数分析仪、LFNH-DW2001 氨氮测试仪、LFTN-DW2001 总氮测试仪、LFTP-DW2001 总磷测试仪、LFF-DW2002 氟化物测试仪、美国 YSISL500 流量仪	区县界			E104.81472° N29.34043°
65	大安	自贡市大安区凤凰乡	沱江	威远河	2014年仪器运行验收	五参数、氨氮、高锰酸盐指数、总磷、总氮、氟化物、流量	LFWCS-2007 五参数分析仪、LFKM-DW2001 高锰酸盐指数分析仪、LFNH-DW2001 氨氮测试仪、LFTN-DW2001 总氮测试仪、LFTP-DW2001 总磷测试仪、LFF-DW2002 氟化物测试仪、美国 YSISL500 流量仪	区县界			E104.74489° N29.36703°
66	荣县	自贡市贡井区龙潭镇	沱江	旭水河	2015年仪器运行验收	五参数、氨氮、高锰酸盐指数、总磷、氟化物、氯化物、流量	LFWCS-2007 五参数分析仪、LFKM-DW2001 高锰酸盐指数分析仪、LFNH-DW2001 氨氮测试仪、LFTN-DW2001 总氮测试仪、LFTP-DW2001 总磷测试仪、LFF-DW2002 氟化物测试仪、LFCL-DW2002 氯化物测试仪、美国 YSISL500 流量仪	区县界			E104.53199° N29.28909

5.2.2 四川省水质自动监测站建设类型

四川省地表水水质自动监测站建设类型见图 5-1 ~ 图 5-4。

图 5-1 水质自动监测站仪器系统

图 5-2 水质自动监测站站房 1

图 5-3 水质自动监测站站房 2

图 5-4　水质自动监测船

5.2.3　四川建站原则

为构建公正、权威、有效的水环境监测预警体系，促进水环境质量不断改善，"十三五"期间将继续完善我省水质自动监测预警网络建设，加大省、市界河流交界断面、良好湖泊、重点城市饮用水源地的水质监控力度，建设覆盖四川省主要流域的水环境自动监测-水质评价-信息共享-预警体系，为全省八大流域风险预警及水环境容量改善提供技术支撑。水站建设选点原则如下：

（1）市州政府城市所在地城市的饮用水源地；

（2）水十条考核或国控断面中水质不能稳定达到考核要求的；

（3）生态补偿中水环境赔偿金较高的断面；

（4）长江（金沙江）、雅砻江、安宁河、嘉陵江、岷江、大渡河、青衣江、沱江、涪江和渠江十大河流及其支流的省级或者市州交界断面、汇合口断面；

（5）水质较差的小流域汇入口断面；

（6）长江右岸重要支流的汇入口断面；

（7）重要的湖库；

（8）重要涉水工业园区下游；

（9）已经暴露出有环境风险的流域的重要断面。

5.2.4 监测项目配置原则

水站配置的基本项目包括水温、pH、溶解氧、电导率及浊度。根据环境管理需要和当地水质特点选取其他监测项目，包括高锰酸盐指数、总有机碳、氨氮、总磷、总氮、生物毒性、重金属等。根据监测目的和水质评价需要选择流速、流量等辅助项目。所选择的监测仪器还应满足以下要求：

（1）监测仪器需通过环境保护部监测仪器设备质量监督检验中心适用性检测或国际同等技术认证。仪器不成熟或其性能指标不能满足当地水质条件的项目不应作为自动监测项目。

（2）监测仪器满足水质自动分析仪技术要求，仪器启用前必须与实验室标准分析方法进行比对试验。

5.2.5 监测方法和频次

水站监测频次根据监测仪器对每个样品的分析周期来确定，至少每间隔4 h 监测 1 次，每天至少监测 6 组数据。当水质状况明显变化或发生污染事件期间，应根据实际情况增加频次。监测方法和频次见表5-2。

表 5-2　自动监测方法和频次表

监测项目	监测方法	监测频次
水温	温度传感器法	1～4 h/次
pH	玻璃电极法	1～4 h/次
溶解氧	膜电极法	1～4 h/次
电导率	电极法	1～4 h/次
浊度	90° 散射光法	1～4 h/次
高锰酸盐指数	酸性法或 UV 吸收法	1～4 h/次
氨氮	电极法	1～4 h/次
总磷	过硫酸钾氧化分光光度法	2～4 h/次
总氮	碱性过硫酸钾氧化紫外分光光度法	2～4 h/次
叶绿素 a	荧光法	2～4 h/次
生物毒性（发光菌）	发光菌法	1～4 h/次
生物毒性（新月藻）	新月藻法	1～4 h/次
重金属	阳极溶出伏安法	1～4 h/次
高氯酸盐	离子色谱法	1 d/次
流速、流量	流速仪法	1～4 h/次

5.3 运行管理要求

5.3.1 职责分工

四川省省控水站运行采取四川省环境监测总站（以下简称"省总站"）负总责，招标确定运行单位开展社会化运行，委托市（州）环境监测站（以下简称"市州站"）进行监管和运行保障的方式。

省总站负责省控水质自动监测系统的运行管理组织工作：建立健全运行管理及质量管理技术规范；编制水质自动监测系统运行管理报告及水质分析报告；组织开展技术培训等工作；组织质控考核和飞行检查；指导市州站开展对运行单位的监督；对运行管理情况进行综合评估；进行年度考核等工作（见表 5-3）。

表 5-3 社会化运维省总站工作内容

时期	主要内容
每周	编制"四川省水质自动站水质监测周报"
每月	月通报（上传率、有效率以及审核率情况统计）
每年	比对监测报告，对全省省控水站进行至少一次现场密码样考核，并通报考核结果
每年	年度质量监管计划及总结
污染应急	出现水质超标、预警时，按需形成各类报告，及时上报四川省环境保护厅

市州站负责省控水站的运行保障和运行监管工作。保障电力、光纤、网络、用水的接入；负责防雷年度检定工作；协调当地及时解决水站运行可能出现的问题；负责辖区水站的数据审核、数据监视、质量监管；定期监督运行单位工作完成情况；按《运行手册》要求做好相关记录；配合省总站开展检查和考核等工作（见表 5-4）。

运行单位负责省控水站的运行工作。远程监视水质自动监测数据及发布情况；负责省控水站采水设施、监测设备、数据采集与传输设备、辅助设备等基础设施的日常维护、质量控制、故障维修等工作，按《运行手册》要求做好相关记录；接受省总站及市州站开展质控检查和考核等监督管理工作（见表 5-5）。

表 5-4　社会化运维市州站工作内容

时　期	主要内容
每天	数据审核、异常数据报送，填写表 szzd-01
每月	密码样、比对考核，填写表 szzd-06、szzd-07
每月	报送"__市水质自动监测站运行监测及水质月报"
每半年	每年 6—9 月按照《运行手册》要求完成省控水站仪器设备的性能测试，同时向省总站提交测试报告，填写表 szzd-10、szzd-11、szzd-12、szzd-13
每年	年度质量监管计划及总结
每年	设备报废，填写表 szzd-15
污染应急	水体超标、数据异常，填写表 szzd-09

表 5-5　社会化运维运行单位工作内容

时　期	主要内容
每天	远程数据监视
每周	质控，填写表 szzd-02、szzd-03
每半年	站房、仪器设备巡检，填写表 szzd-08
每年	年度工作总结
每年	新增设备，到货安装后，填写表 szzd-14
污染应急	排查仪器故障，确保仪器正常运行，并按要求进行加密监测

5.3.2　流程处理

1. 数据审核流程

市州站严格按照《运行手册》要求，在省平台完成辖区内省控水站原始监测数据的审核。

数据审核应于每日上午 10 时前完成（10 点前后两个小时数据可在第二日进行审核），当天因网络故障等原因未能完成数据审核报送的，可顺延一日审核报送。发现无数据或数据异常时，市州站及时联系运行单位确定异常原因（仪器故障、停电、通信故障等），并报送省总站，如图 5-5 所示。

2. 数据异常处理流程

（1）当监测数据出现过低、连续不变或异常升高等情况时，市州站及时联系运行单位了解近几日维护工作情况。运行单位确定仪器正常与否，并向市州站回复检查结果。

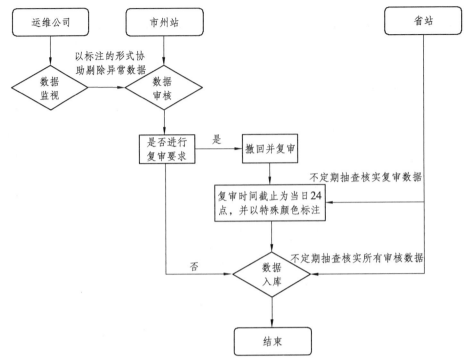

图 5-5　数据审核流程图

（2）当出现监测数据异常超标预警时，市州站及时联系运行单位了解近几日维护工作情况，必要时赶往省控水站做密码样测试或实际水样比对，测试值满足"水质自动监测站运行监管及水质月报"（另行规定）要求，则视为水质异常，仪器正常，反之为仪器故障。

（3）判定水质异常后，市州站应立即电话报告当地环保局和省总站，同时采取加密监测或实验室比对，记录监测结果，以"水质快报"形式上报当地环保局和省总站。运行单位应根据需要提供现场技术支持，确保仪器正常运行。

（4）数据出现争议时，市州站和运行单位约定时间同时到现场进行密码样测试，测试前应提前告知省总站，测试结果在省平台标注，如图 5-6 所示。

3．日常维护流程

运行单位按照《运行手册》要求，开展"日监视、周核查"等工作。开展质量控制应在省平台上记录操作时间段和操作内容。不满足控制范围的指标应进行校调，直至质控测试合格。填写的表格详见《运行手册》第二部分第二章要求。由市州站对相关记录进行检查确认，作为绩效考核依据，如图5-7 所示。

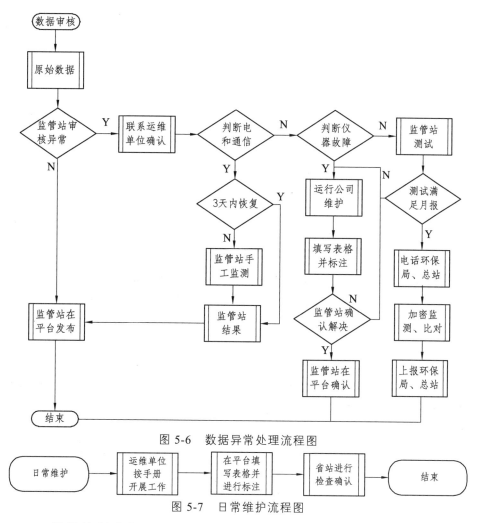

图 5-6 数据异常处理流程图

图 5-7 日常维护流程图

4. 质量控制流程

运行单位按照《运行手册》要求，开展"日监视、周核查"等工作。开展质量控制应在省平台上记录操作时间段和操作内容。不满足控制范围的指标应进行校调，直至质控测试合格。由市州站在省平台对相关记录进行检查确认，作为绩效考核依据，如图 5-8 所示。

5. 质量监管流程

市州站按照《运行手册》要求，对辖区内省控水站进行运行监管，监管方式包括月比对、月考核、性能审核等方面；省总站开展的质量监管工作有月通报、密码样考核和飞行检查。填写的表格和提交的报告详见《运行手册》第二部分第三章要求，所有质量监管应在省平台上记录操作时间段和操作内容。

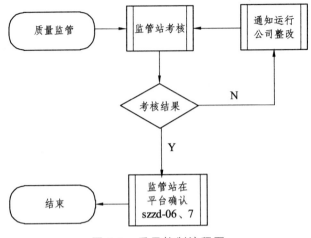

图 5-8　质量控制流程图

　　省总站和市州站在质量监督过程中发现有不合格或存在问题的，通过平台（短信、电话）通知运行单位责成整改：水样比对不合格整改直至手工比对或核查样测试符合要求；密码样考核整改直至核查样测试符合要求，整改后由运行单位进行核查样测试，测试结果在省平台标注，整改期间数据在"有效率"统计时视为无效。根据平台标注结果，市州站在 2 天内进行复核确认。

　　性能审核结果不满足要求的，需要求运行单位对分析仪进行全面检查和维修后，市州站再次进行性能审核测试，直至审核结果满足要求，如图 5-9 所示。

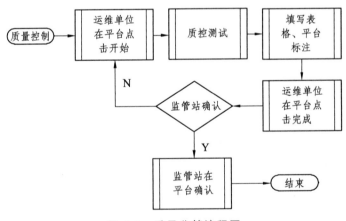

图 5-9　质量监管流程图

6. 故障处理流程

　　当仪器设备出现故障，运行单位应在接到市州站通知后及时到达现场，且不能超过 24 小时，偏远地区（"三州"和攀枝花市）可适当延长。运行单位完成仪器维修后，要做好维修记录，并进行校准或核查样测试直至符合要求，整改后由运行单位进行核查样测试，测试结果在省平台标注，如图 5-10 所示。

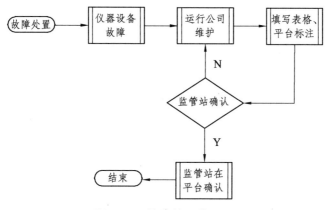

图 5-10　故障处理流程图

5.3.3　考核管理机制

1. 考核市州站

对市州站监管绩效考核评价每年考核一次。考核采取百分制、按城市综合评分。

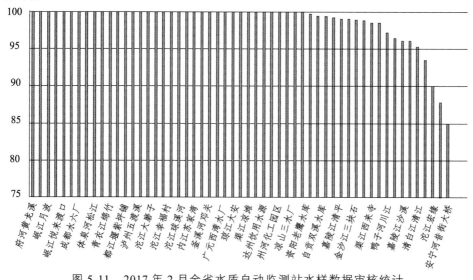

图 5-11　2017 年 2 月全省水质自动监测站水样数据审核统计

（1）数据审核（权重 20%）。

数据审核情况按月进行算术平均，审核率大于等于 99%，得 20 分；审核率小于 99%，大于等于 96%，得 15 分；审核率小于 96%，大于等于 90%，得 10 分；审核率小于 90%，得 0 分。以 2017 年 2 月全省水质自动监测站水样数据审核情况为例，其统计结果如图 5-11 所示，其中第一档得 20 分的水站有 41 个，第二档得 15 分的水站有 9 个，第三档得 10 分的水站有 3 个，第四档得 0 分的水站有 2 个。

（2）监管工作（权重 80%）。

未完成项按"市州站工作评价表"进行扣分（见表 5-6），该项得分按辖区各省控水站算术平均分计算得到月考核结果。

表 5-6　市州站工作评价表

工作内容	考核要求	备注
一、数据审核情况（20分）		
数据审核情况	审核率大于等于 99%，得 20 分；审核率小于 99%，大于等于 96%，得 15 分；审核率小于 96%，大于等于 90%，得 10 分；审核率小于 90%，得 0 分	按月考核
二、监管工作（80分）		
每日网络检查	未按时完成一次·项，扣 0.5 分	按月考核
每月比对监测	未按时完成一次·项，扣 2 分	按月考核
每月密码样考核	未按时完成一次·项，扣 2 分	按月考核
每月监管报告报告	未按时完成，扣 5 分	按月考核
异常报告	应报未报一次·项，扣 1 分	按月考核
三、年终扣分项		
每年性能审核	未完成，扣 10 分	年终考核扣分
编制年度质量监管计划及总结	未按时提交年度计划扣 2 分，未提交年度评价扣 5 分	年终考核扣分

（3）分级评价。

省总站对市州站的绩效考核按月进行，年底形成最终考核评价。考核采取百分制、按城市综合评分法，满分为 100 分，保留 1 位小数，采取四舍五入修订。年终时，以月考核平均分综合年终考核扣分项，形成市州站绩效考核总分。考核结果分 5 个等级，分别为：A 级（98～100 分）、B 级（90～97.9 分）、C 级（80～89.9 分）、D 级（60～79.9 分）、E 级（59 分及以下）。以 2017

年2月全省省级水质自动监测站运行管理考核结果为例,其统计结果如图5-12所示。位于 A 级的有泸州市和内江市;B 级的有眉山市、武胜县、遂宁市、绵阳市、资中县和攀枝花市;C 级的有达州市、都江堰市、成都市、南充市、凉山州、广安市、宜宾市、德阳市、广元市、巴中市和乐山市;位于 D 级的有金堂县、自贡市、资阳市和雅安市。

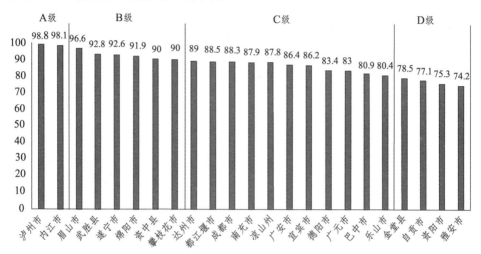

图 5-12　2017 年 2 月全省省级水质自动监测站运行管理考核结果

2. 考核运维公司

(1)数据有效率(权重 50%)。

$$监测数据有效率(\%)=\frac{实际采用数据}{应上传数据}\times100$$

出现以下情况时的数据可不纳入统计计算:① 河流断流或者因设计原因无法正常采水;② 水站改造期间;③ 停电超过 1 天,以市州站核实的停电时间为准;④ 采水系统故障,且提供采水维护公司维修报告;⑤ 加密数据;⑥ 其他不可抗拒原因导致水站停运。

数据有效率考核分值:数据有效率≥90%, 50 分;90% ~ 85%,43 ~ 36分;80% ~ 75%,36 ~ 24 分;75% ~ 70%,24 ~ 12 分;低于 70%,0 分。年度数据有效率为 12 个月的平均值。

(2)月度考核评分情况(权重 50%)。

根据各水站月考核评价的平均值打分。评分方法参照"运行单位月考核分值表"(见表5-7)。

表 5-7 运行单位月考核分值表

考核内容	考核要求	扣分	备注
一、日常运行及维护（22分）			
每日工作及记录（4分）	每日上午、下午远程查看省控水站数据，查看系统软件、站点联网状况，基本情况（清洁卫生、自校情况、所需试剂或电解液添加更记录等）		
周质控（6分）	核查样一次1个项目未做，扣2分		
擅自添加、删除、修改数据（12分）	一次，扣2分		
二、异常、故障响应处理（8分）			
异常、故障处理及恢复情况（8分）	48小时内解决问题，不扣分；48小时后，每增加1天，每天增扣0.2分，7天后，每增加1天，每天增扣2分；扣完为止（三州及攀枝花适当延长）		
三、监测数据的质量管理（15分）			
月考核中实际水样比对和密码样考核（9分）	每次1个项目不合格扣2分，扣完为止		
仪器修复后的校准、标定及性能测试（3分）	异常、故障超过48小时的校准、标定，一次1个项目未做，扣1分；异常、故障超过7天，应进行漂移实验（零点漂移、量程漂移）、重复性及准确度实验，一次1个项目未做，扣1.5分		
争议数据实际水样比对或密码样考核（3分）	每次1个项目不合格扣1.5分，扣完为止		
四、档案及报告完成情况（2分）			
故障、异常报告"一事一报"（1分）	及时反馈故障情况，缺一次扣0.2分，扣完为止		
各类工作报告（1分）	巡检、年报及相关记录完成情况，内容翔实、问题分析清晰满分，如有不符合情况，酌情扣分		
五、协助、配合（3分）			
污染事故（2分）	按省总站及市州站的要求开展相关工作，对响应时间、仪器能否正常运行、数据准确性、数据及时性等情况进行综合考虑打分		
其他工作（1分）	影响监管工作的正常开展，一次扣0.2分，扣完为止		

注意：运行单位到省控水站现场维护前应电话告知当地市州站，市州站可根据工作安排到现场，或通过平台查看其记录。

3. 年度评分考核情况

省总站根据市州站月考核评价情况，对运行单位绩效进行年度考核评价。省总站根据各水站月考核评价的平均值及表 5-8 进行打分，获得该水站年度考核分值。全部水站的年度考核均值为运行单位进行运行费核算的最终依据。

表 5-8   运行单位年度考核扣分表

考核内容	考核要求	扣分	备注
省总站飞行检查：实际水样比对和标样考核	每次 1 个项目不合格，扣 5 分		
软件系统	及时完成省控水站软件系统的改进、升级和完善工作，及时完成系统平台相关工作，1 次，扣 1 分		
日常运行工作检查	除月水样比对和质控样考核外，按市州站"月考核分值表"中要求及分值进行扣分		
数据造假	1 次，扣 30 分		
数据有效性重视度	月考核中，超 10%水站未达到数据有效性要求的，对应水站扣 3 分；连续 2 次考核出现 10%水站未达到，或者单次考核 20%以上水站未达到数据有效性要求的，对应水站扣 10 分；同一水站连续两个月未达到数据有效性要求的，对应水站扣 20 分；同一水站连续 3 个月未达到数据有效性要求的，对应水站扣 40 分		

5.3.4   填报表格介绍

根据水站社会化运行三方职责分工，围绕数据审核、数据异常处理、日常维护、质量控制、质量监管、故障处理等规定流程，确定省总站、市州站和运行单位每日、每周、每月、每年工作任务，相应内容均以填报表格展示工作过程，表格 szzd-01 至 szzd-15（见表 5-9）介绍如下。

表 5-9　填报表格内容介绍统计

报表名称	工作内容	负责单位
szzd-01 水质自动监测系统数据审核异常核查记录表	不定时监控水站监测数据，关注水质变化情况，分析数据变化规律，每日 10 时前在省平台中完成前一日数据的审核确认工作，发现异常时做好记录	市州站
szzd-02 水质自动监测系统仪器核查和标准液核查记录表	每周至少对水站运行条件和各类仪器设备状况进行一次现场检查，判断其运行是否正常，并使用与实际水样浓度接近的有证标准物质或自配质控样品对分析仪进行测试	运行单位
szzd-03 水质自动监测系统运行管理工作记录表	每周至少对水站运行条件和各类仪器设备状况进行一次现场检查，及时发现并排除发生的故障和存在的安全隐患，并开展仪器清洗维护等工作	运行单位
szzd-04 水质自动监测系统试剂更换记录表	每两周对水站仪器运行所需试剂或电解液等进行添加更换，对分析仪采样杯、管路、反应室等运行状况进行检查，维护和清洗	运行单位
szzd-05 水质自动监测系统异常、故障情况报告	每日至少两次对水站运行条件、设备运行状况及分析仪自检进行远程监视，发现异常情况需及时采取措施	运行单位
szzd-06 水质自动监测系统比对实验结果统计表	每月进行一次实验室标准分析方法与水站自动监测，在自动监测分析方法的同时，采集实际水样按实验室分析方法进行分析，并以实验室分析方法测试结果为标准进行比对。每次比对至少获得 3 个测定结果，全部达到标准视为比对合格。比对结果不符合要求的，应及时整改，直至手工比对或质控考核比对符合要求	市州站
szzd-07 水质自动监测系统月考核记录表	每月使用有证标准物质或自配质控样品对水站分析仪进行一次考核，其中重金属、高氯酸盐每季度一次。考核结果不通过的，应及时整改，直至质控考核通过	市州站
szzd-08 水质自动监测系统运维监督记录	每半年对水站运行状况，质控措施完成情况和运行管理记录等方面进行一次检查	市州站

续表

报表名称	工作内容	负责单位
szzd-09 水质监测快报	判定水质异常后应报当地环保局和省总站，同时采取加密监测、质控样校核或实验室比对，如实记录加密监测监测和实验室分析结果，严密监视水位、流速和流量	市州站
szzd-10 水质自动监测系统分析仪精密度和准确度测定记录表	每年对水站分析仪至少进行一次性能审核。对其准确度、精密度、漂移、线性、检出限等进行检查测试	市州站
szzd-11 水质自动监测系统分析仪线性检查记录表		
szzd-12 水质自动监测系统分析仪检出限测定记录表		
szzd-13 水质自动监测系统分析仪量程漂移测定记录表		
szzd-14 水质自动监测系统仪器设备到货验收单	设备到达安装现场后，地方站负责接收与保存。地方站、集成商双方均在场时方能开箱验货，集成商应提供详细装箱清单	市州站、运行单位
szzd-15 水质自动监测系统设备管理表	系统测试合格后，集成商提出最终验收申请，地方站编制验收总报告并组织专家组对水站进行最终验收总站编制验收报告，地方站、集成商、省总站	省总站

5.4 基于自动监测结果的水质预警

5.4.1 例行特殊时期预警

1. 洪水期警示

加强洪水期的运行与数据审核工作，做好预警联动，如有超标或异常应积极预警，及时上报；紧急情况时可采取应急方式监测，人工采样供自动监测仪器分析测试或手工分析，同时对流量进行大致的估算；将洪水期间的应急处置及预警情况及时上报。

2. 枯水期警示

由于枯水期流量小、流速缓，水质更易发生恶化，加强枯水期的运行与数据审核工作，分析数据变化规律，做好预警联动，如有超标或异常，积极预警，及时上报。

3. 春季警示

初春季节水温、气温开始上升，易发生水体富营养化，溶解氧出现饱和或过饱和现象，同时叶绿素 a 浓度明显上升，加强运行与数据审核工作，并特别注意水温、溶解氧及叶绿素 a 等富营养化指标的变化，分析数据变化规律，做好预警联动，如有超标或异常，积极预警，及时上报。

入春后随降水的来临，密切关注初期雨水对水质的影响，加强运行与数据审核工作，分析数据变化规律，做好预警联动，如有超标或异常，积极预警，及时上报。

春季因灌溉所需，流量较枯水期更为减小，水体自净能力进一步减弱，易发生水体缺氧，易出现污染物浓度升高现象，加强运行与数据审核工作，并特别注意溶解氧的变化，分析数据变化规律，做好预警联动，如有超标或异常，积极预警，及时上报。

4. 初夏季节警示

初夏季节水温、气温进一步上升，易发生水体缺氧，加强运行与数据审核工作，并特别注意溶解氧的变化，分析数据变化规律，做好预警联动，如有超标或异常，积极预警，及时上报。

5. 山洪泥石流地质灾害警示

在雨季较易发生山洪泥石流等地质灾害的区域，特别是汶川大地震的影响区域及其下游地区，密切关注上游地区的山洪泥石流等地质灾害的发生情况；重点关注山洪泥石流可能引发的次生灾害和环境影响；加强运行与数据审核工作，做好预警联动，如有超标或异常，积极应对，及时上报。

6. 冰冻雨雪灾害警示

在冬季易发生冰冻雨雪灾害时期，密切关注冰冻雨雪灾害的发生情况；重点关注冰冻雨雪灾害可能引发的次生灾害和环境影响；加强运行与数据审核工作，做好预警联动，如有超标或异常，应积极预警，及时上报。

7. 水电站检修期间警示

水电站检修多安排在枯水期，检修期间易发生油污染事件及冲淤带来的水质污染事件，密切关注水电站检修情况；重点关注水电站检修可能造成的环境影响；加强运行与数据审核工作，做好预警联动，如有超标或异常，积极预警，及时上报。

8. 节假日及重大活动期间警示

节假日及重大活动期间，为保障社会安全稳定，监控企业偷排，加强运行与数据审核工作，分析数据变化规律，做好预警联动，如有超标或异常，积极预警，及时上报。

春节过后，各企业陆续复工复产，为预防水质污染事件的发生，加强运行与数据审核工作，分析数据变化规律，做好预警联动，如有超标或异常，积极预警，及时上报。

5.4.2　水质异常预警

5.4.2.1　超标异常预警

为及时响应、快速应对和妥善处置环境质量监测异常情况，在日常监测数据审核时，观察数据变化趋势。若出现监测数据异常情况，市州站及时联系运行单位了解近几日维护工作情况，必要时赶往省控水站做至少 2 次密码样，两次测试值相对误差在 10% 范围内，则视为水质异常，仪器正常，反之为仪器故障。按照环境质量监测异常情况可能造成的严重程度、危害程度、紧急程度、发展势态和影响范围，分为Ⅲ、Ⅱ、Ⅰ三个快速响应级别。

（1）Ⅲ级快速响应级别：① 涉饮用水所在流域监测断面污染物日均浓度超过地表水Ⅲ类标准或生物毒性日均抑制率（毒性值）大于 30%；② 出、入川监测断面污染物日均浓度环比上升 0.2 倍以上，同时超过地表水Ⅲ类标准；

③ 其他监测断面污染物日均浓度环比上升 0.3 倍以上，同时超过地表水Ⅲ类标准；④ 长期未监测出重金属及有毒特征污染物的监测断面，检测出重金属及有毒特征污染物。

（2）Ⅱ级快速响应级别：① 出、入川监测断面污染物日均浓度环比上升 0.5 倍以上，同时超过地表水Ⅳ类标准；② 其他监测断面污染物日均浓度环比上升 1 倍以上，同时超过地表水Ⅳ类标准；③ 重金属及有毒特征污染物浓度超过地表水Ⅲ类标准。

（3）Ⅰ级快速响应级别：① 出、入川监测断面污染物日均浓度环比上升 1 倍以上，同时超过地表水Ⅴ类标准；② 其他监测断面污染物日均浓度环比上升 2 倍以上，同时超过地表水Ⅴ类标准；③ 重金属及有毒特征污染物浓度超过地表水Ⅴ类标准。

5.4.2.2 超标异常预警

在日常监测数据审核时，观察数据变化趋势，若出现下列监测数据异常情况，采取加密监测、质控样校核或实验室比对等方式核实数据的有效性。如为非仪器故障导致的数据异常，进行加密监测、质控样校核或实验室比对，如实记录加密监测和实验室分析结果，严密监视水位、流速和流量，并将结果及时上报。

（1）预警指标监测数据连续 2 组超过近 3 天平均浓度水平 2 倍，但未超过断面水域功能标准值。

（2）饮用水源站预警指标监测数据出现波动（超过近 3 天平均浓度水平 2 倍，但未超过断面水域功能标准值）。

（3）长期（半年以上）达标的主要断面预警指标监测数据出现大于一倍及以上的锯齿波动型或上升型监测数据异常时（如图 5-13 所示），但未超过断面水域功能标准值。

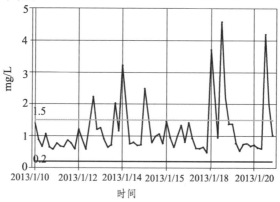

（a）锯齿波动型（可能因偷排引发）

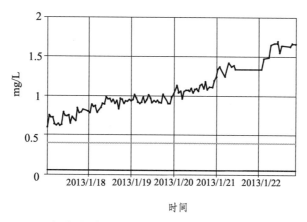

时间

（b）上升型（可能因超标排放引发）

图 5-13 监测数据异常变化图

5.4.2.3 其他异常预警

发现水面出现大量油污、死鱼等现象，或接通知上游出现污染事故等情况，密切关注该水站情况，保障仪器设备正常，及时上报各项数据。

6 数据应用与案例分析

基于水质自动监测数据的四川省水质评价体系包括断面监测数据应用与分析、行政区监测数据应用与分析、流域监测数据应用与分析和全省监测数据应用与分析。断面评价方法按第 4 章第 2 节"断面水质评价"对断面污染指数、超标倍数、首（次）要污染物、水质类别、同比环比、污染日历图进行评价；行政区评价以断面评价方法为基础，在行政区评价方法根据区域内所属某几个断面组合，分别从流域控制单元和流域行政区划进行评价；流域评价分流域、干流、支流，评价方法按照第 4 章第 4 节"流域水质评价"，对流域达标率、流域首要污染物、同比环比、污染日历图进行评价；全省评价以流域评价为基础，根据省内岷江流域（含大渡河和青衣江）、沱江流域、嘉陵江流域、渠江流域、涪江流域、雅砻江流域、金沙江流域和长江流域（四川段）等八大流域为对象进行评价。

6.1 四川省行政区水质评价

6.1.1 流域控制单元评价

6.1.1.1 流域控制单元划分

四川省内流域控制单元划分为：

岷江干流上游：都江堰市上游（黎明村水站以上）。

岷江干流中游：都江堰市至乐山（岷江大桥水站以上）。

岷江干流下游：乐山至宜宾（凉姜沟水站）。

涪江干流上游：江油市武都灯笼桥以上。

涪江干流中游：武都灯笼桥至遂宁段（老池水站以上）。

渠江干流上游：三汇镇以上。

渠江干流中游：三汇镇以下至广安四川出境。
沱江干流上游：成都至金堂赵镇（淮口水站以上）。
沱江干流中游：资阳至内江（脚仙村水站）。
沱江干流下游：自贡至泸州（沱江二桥水站）。
嘉陵江干流上游：昭化区上游（白龙江汇入前）。
嘉陵江干流中游：昭化区至广安出境（清平水站）。
金沙江干流：攀枝花至宜宾（三块石水站）。
雅砻江干流：（雅砻江口水站）。
长江干流上游四川段：宜宾至泸州（沙溪口水站）。
流域控制单元主要评价断面汇总表如表 6-1 所示。

表 6-1　流域控制单元主要评价断面汇总表

序号	流域控制单元	评价断面（水站名称）	流域	水站所在位置
1	岷江干流上游	黎明村	岷江	都江堰市紫坪铺镇
2	岷江干流中游	岷江大桥		乐山市中区
3	岷江干流下游	凉姜沟		宜宾市岷江东路
4	沱江干流上游	淮口	沱江	金堂淮口镇
5	沱江干流中游	脚仙村		富顺县庙坝镇
6	沱江干流下游	沱江二桥		泸州市江阳区
7	涪江干流上游		涪江	江油市武都灯笼桥
8	涪江干流中游	老池		射洪县老池乡
9	渠江干流上游		渠江	三汇镇
10	渠江干流中游	赛龙		岳池县赛龙乡
11	嘉陵江干流上游		嘉陵江	广元昭化区
12	嘉陵江干流中游	清平		广安市武胜县清平镇南溪村5
13	金沙江干流	三块石	金沙江	宜宾市安边镇打鱼村
14	雅砻江干流	雅砻江口	雅砻江	攀枝花市盐边县桐子林镇
15	长江干流上游四川段	沙溪口	长江	泸州市合江县白米乡

6.1.1.2　流域控制单元水质评价

按第 4 章"4.2.2 中'断面水质超标评价'"方法对流域控制单元水质是否超标、超标项目及超标项目的超标倍数和超标天数进行评价；同时再对评价时间段内各评价指标的日均值超标天数及最大超标倍数进行评价。

按第4章"4.2.3中'首要污染物评价'"方法对流域控制单元首要污染物及其日首要污染物天数进行评价。

按第4章"4.2.4中'断面水质类别评价'"方法对流域控制单元水质类别进行评价。

按第4章"4.2.5中'主要污染物评价'"方法对流域控制单元主要污染物进行评价。

例：沱江干流中游（脚仙村水站）第X周监测结果统计详见表6-2。

表6-2 沱江干流中游第X周监测结果统计表

序号	断面名称	项目	DO（mg/L）	I_{Mn}（mg/L）	NH_3-N（mg/L）	TP（mg/L）	流量（m^3/s）
1	脚仙村	4月4日（星期一）	5.6	4.5	1.0	0.15	4.6
		4月5日（星期二）	6.6	5.6	1.2	0.19	5.9
		4月6日（星期三）	5.9	6.7	1.5	0.19	4.7
		4月7日（星期四）	6.7	5.6	0.9	0.18	4.8
		4月8日（星期五）	6.8	5.8	1.3	0.70	5.6
		4月9日（星期六）	6.4	4.9	1.4	0.40	4.4
		4月10日（星期天）	6.4	5.4	0.8	0.30	4.6
		均值	6.3	5.5	1.2	0.30	4.94
		标准值	5	6	1	0.2	0.5

按照"4.2.2中'断面水质超标评价'""4.2.3中'首要污染物评价'"4.2.4中'断面水质类别评价'""4.2.5中'主要污染物评价'"方法进行评价。评价统计详见表6-3及图6-1。

表6-3 沱江干流中游第X周监测结果评价统计表

序号	断面名称	评价属性	时间	监测值（mg/L）				类别	超标污染因子	
				DO	I_{Mn}	NH_3-N	TP		项目及天数	倍数
1	悦来渡口	沱江干流中游	本期	6.3	5.5	1.2	0.30	IV	NH_3-N（4天）、TP（3天）	0.2倍（NH_3-N）、0.5倍（TP）
	GB 3838-2002 III类水质标准			≥5	≤6	≤1.0	≤0.20	—	—	—

续表

序号	断面名称	评价属性	时间	日均值超标情况		首要污染物		主要污染物	综合指数
				超标天数	日最大超标倍数	项目	天数		
1	悦来渡口	沱江干流中游	本期	1（I_{Mn}）、4（NH_3）、3（TP）	0.12 倍（I_{Mn}）、0.5 倍（NH_3）、2.5 倍（TP）	NH_3、TP	3	NH_3、TP	4.4
	GB 3838—2002 Ⅲ类水质标准			—	—	—	—	—	—

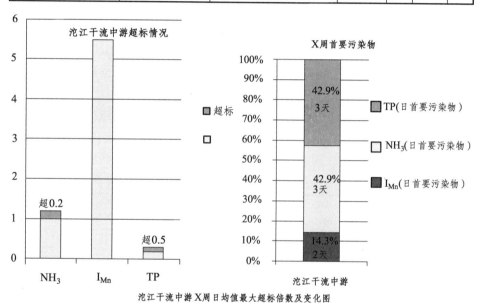

图 6-1 流域控制单元水质类别、首要污染物、超标倍数评价

6.1.1.3 流域控制单元水质同比评价

按第 4 章"4.2.2 中'断面水质超标同比评价'"方法对流域控制单元水质是否超标、超标项目及超标项目的超标倍数和超标天数进行评价；同时再对评价时间段内各评价指标的日均值超标天数及最大超标倍数进行评价。

按第 4 章"4.2.3 中'首要污染物同比评价'"方法对流域控制单元首要污染物及其日首要污染物天数进行评价。

按第 4 章"4.2.4 中'断面水质类别同比评价'"方法对流域控制单元水质类别进行评价。

按第 4 章"4.2.5 中'主要污染物同比评价'"方法对流域控制单元主要污染物进行评价。

按第 4 章"4.2.6 中'评价指标监测值同比评价'"方法对流域控制单元各评价指标进行同比评价。

按第 4 章"4.2.7 中'综合污染指数同比评价'"方法对流域控制单元综合水质指标进行同比评价。

例：沱江干流中游（脚仙村水站）第 X 周同比监测结果统计详见表 6-4。

表 6-4　沱江干流中游第 X 周（同比）监测结果统计表

序号	断面名称	项目	DO（mg/L）		I_{Mn}（mg/L）		NH₃（mg/L）		TP（mg/L）		流量（m³/s）	
			本期	同比	本期	同比	本期	同比	本期	同比	本期	同比
1	脚仙村	4月4日（星期一）	5.6	4.0	4.5	4.5	1.0	1.0	0.15	0.25	4.6	4.7
		4月5日（星期二）	6.6	4.6	5.6	5.6	1.2	1.4	0.19	0.16	5.9	5
		4月6日（星期三）	5.9	5.9	6.7	6.7	1.5	1.2	0.19	0.45	4.7	4
		4月7日（星期四）	6.7	4.7	5.6	5.6	0.9	0.9	0.18	0.15	4.8	4.3
		4月8日（星期五）	6.8	4.8	5.8	5.8	1.3	1.2	0.70	0.30	5.6	5
		4月9日（星期六）	6.4	5.6	4.9	5.9	1.4	0.9	0.40	0.34	4.4	4.8
		4月10日（星期天）	6.4	4.4	5.4	5.8	0.8	1.0	0.30	0.28	4.6	5.6
		均值	6.3	4.9	5.5	5.7	1.2	1.1	0.30	0.28	4.94	4.77
		标准值	5		6		1		0.2		—	

按照"4.2.2 中'断面水质超标同比评价'""4.2.3 中'首要污染物同比评

价'" 4.2.4 中'断面水质类别同比评价'""4.2.5 中'主要污染物评价'"方法进行同比评价。评价统计详见表 6-5。

表 6-5 沱江干流中游第 X 周（同比）监测结果评价统计表

序号	断面名称	评价属性	时间	监测值（mg/L）				类别	超标污染因子	
				DO	I_{Mn}	NH_3	TP		项目及天数	倍数
1	悦来渡口	沱江干流中游	本期	6.3	5.5	1.2	0.30	IV	NH_3（4 天）、TP（3 天）	0.2 倍（NH_3）、0.5 倍（TP）
			同比	4.9	5.7	1.1	0.28	IV	DO（5 天）、NH_3（3 天）、TP（5 天）	0.1 倍（NH_3）、0.4 倍（TP）
			同比率	28.6%	-3.5%	9.1%	7.1%	—	—	—
GB 3838—2002 III 类水质标准				≥5	≤6	≤1.0	≤0.20	—	—	—

续表

序号	断面名称	评价属性	时间	日均值超标情况		首要污染物		主要污染物	综合指数
				超标天数	日最大超标倍数	项目	天数		
1	悦来渡口	沱江干流中游	本期	1（I_{Mn}）、4（NH_3）、3（TP）	0.12 倍（I_{Mn}）、0.5 倍（NH_3）、2.5 倍（TP）	NH_3、TP	3	TP、NH_3	4.4
			同比	5（DO）、1（I_{Mn}）、3（NH_3）、5（TP）	0.12 倍（I_{Mn}）、0.4 倍（NH_3）、1.25 倍（TP）	TP	4	DO、TP	4.5
			同比率	—	—	—	—	—	—
GB 3838-2002 III 类水质标准				—	—	—	—	—	—

同比评价结果为：与去年（某年）同期相比，沱江流域干流中游水质均为Ⅳ类，均超标，超标项目减少了溶解氧；溶解氧超天数同比减少了 5 天，氨氮超天数同比增加了 1 天，总磷超天数同比减少了 2 天，高锰酸盐指数超天数同比减少了 1 天。

与去年（某年）同期相比，首要污染物新增了氨氮，主要污染物新增了氨氮，减少了溶解氧。

沱江流域干流中游溶解氧浓度同比增长 28.6%，溶解氧污染程度明显改善；高锰酸盐指数同比下降 3.5%，浓度变化不大；氨氮同比增长 20.0%，氨氮污染程度有所增加；总磷同比增长 7.1%，浓度变化不大；综合污染指数同比减少 1.6%，沱江流域干流中游水质综合质量变化不大，如图 6-2 所示。

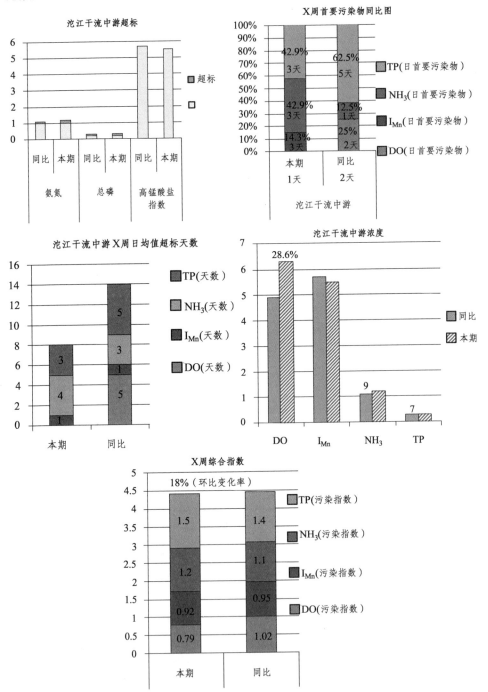

图 6-2　流域控制单元水质类别、超标倍数、污染指数、首要污染物同比评价

6.1.1.4 流域控制单元水质环比评价

按第 4 章 "4.2.2 中 '断面水质超标环比评价'" 方法对流域控制单元水质是否超标、超标项目及超标项目的超标天数进行环比评价。

按第 4 章 "4.2.5 中 '断面水质类别环比评价'" 方法对流域控制单元水质类别进行环比评价。

按第 4 章 "4.2.3 中 '首要污染物环比评价'" 方法对流域控制单元首要污染物、日首要污染物天数进行环比评价。

按第 4 章 "4.2.4 中 '污染负荷最大物环比评价'" 方法对流域控制单元污染负荷最大物进行环比评价。

按第 4 章 "4.2.6 中 '综合污染指数环比评价'" 方法对流域控制单元综合水质指标进行环比评价。

按第 4 章 "4.2.5 中 '评价指标监测值环比评价'" 方法对流域控制单元各水质指标进行环比评价。

例：沱江干流中游（脚仙村水站）第 X 周环比监测结果统计详见表 6-6。

表 6-6　沱江干流中游第 X 周（环比）监测结果统计表

序号	断面名称	项目	DO（mg/L）		I_{Mn}（mg/L）		NH_3（mg/L）		TP（mg/L）		流量（m³/s）	
			本期	环比	本期	环比	本期	环比	本期	环比	本期	环比
1	悦来渡口	4 月 4 日（星期一）	5.6	6.0	4.5	6.5	1.0	1.1	0.15	0.18	4.6	4.8
		4 月 5 日（星期二）	6.6	5.6	5.6	5.6	1.2	1.3	0.19	0.17	5.9	4.3
		4 月 6 日（星期三）	5.9	6.4	6.7	5.6	1.5	1.0	0.19	0.11	4.7	4
		4 月 7 日（星期四）	6.7	4.8	5.6	6.4	0.9	0.7	0.18	0.27	4.8	5
		4 月 8 日（星期五）	6.8	5.8	5.8	6.1	1.3	1.0	0.70	0.14	5.6	5.6
		4 月 9 日（星期六）	6.4	5.7	4.9	4.2	1.4	1.0	0.40	0.19	4.4	4.7
		4 月 10 日（星期天）	6.4	6.0	5.4	6.4	0.8	0.9	0.30	0.20	4.6	5
		均值	6.3	5.8	5.5	5.8	1.2	1.0	0.30	0.18	4.94	4.77
		标准值	5		6		1		0.2		—	

按照 "4.2.2 中 '断面水质超标同比评价'""4.2.3 中 '首要污染物同比评价'""4.2.4 中 '断面水质类别同比评价'""4.2.5 中 '主要污染物评价'" 方法

进行同比评价。评价统计详见表 6-7。

表 6-7　沱江干流中游第 X 周（环比）监测结果评价统计表

序号	断面名称	评价属性	时间	监测值（mg/L）				类别	超标污染因子		
				DO	I_{Mn}	NH_3	TP		因子	天数	倍数
1	悦来渡口	沱江干流中游	本期	6.3	5.5	1.2	0.30	IV	NH_3、TP	4、3	0.2 倍（NH_3）、0.5 倍（TP）
			环比	5.8	5.8	1.0	0.18	III			
			环比率	8.6%	-5.2%	20.0%	66.7%	—	—	—	—
	GB 3838-2002 III类水质标准			≥5	≤6	≤1.0	≤0.20	—	—	—	—

续表

序号	断面名称	评价属性	时间	日均值超标情况		首要污染物		主要污染物	综合指数
				超标天数	日最大超标倍数	项目	天数		
1	悦来渡口	沱江干流中游	本期	1（I_{Mn}）、4（NH_3）、3（TP）	0.12 倍（I_{Mn}）、0.5 倍（NH_3）、2.5 倍（TP）	NH_3、TP	3	TP、NH_3	4.4
			环比	1（DO）、4（I_{Mn}）、2（NH_3）、1（TP）	0.08 倍（I_{Mn}）、0.3 倍（NH_3）、0.35 倍（TP）	NH_3	4	I_{Mn}、NH_3	3.81
			环比率	—	—				15.5%
	GB 3838—2002 III类水质标准			—	—				—

　　评价结果为：沱江干流中游第 X 周水质为IV类，氨氮、总磷超标，超倍数分别为 0.2 倍、0.5 倍；本周内高锰酸盐指数、氨氮、总磷日均浓度超标天数分别为 1 天、4 天、3 天，最大超标倍数分别为 0.12 倍、0.5 倍、2.5 倍；首要污染物为氨氮、总磷，本周其中有 3 天的日首要污染物为氨氮、总磷；主要污染物有氨氮、总磷。

　　与去年（某年）同期相比，沱江流域干流中游水质均为IV类，均超标，超标项目减少了溶解氧；溶解氧超天数同比减少了 5 天，氨氮超天数同比增加了 1 天，总磷超天数同比减少了 2 天，高锰酸盐指数超天数同比减少了 1 天；首要污染物新增了氨氮，主要污染物新增了氨氮，减少了溶解氧；沱江流域干流中游溶解氧浓度同比增长 28.6%，溶解氧污染程度明显改善；高锰酸盐指数同比下降 3.5%，浓度变化不大；氨氮同比增长 20.0%，氨氮污染程度有所增加；总磷同比增长 7.1%，浓度变化不大；综合污染指数同比减少1.6%，沱江流域干流中游水质综合质量变化不大。

　　与上期相比，沱江流域干流中游水质由Ⅲ类下降到Ⅳ类，新增超标项目为氨氮、总磷，氨氮超标天数环比新增了 4 天，总磷超标天数环比新增了 3天，其他项目溶解氧超标天数环比减少了 1 天，高锰酸盐指数超天数环比减少了 4 天；首要污染物新增了总磷，主要污染物新增了总磷，减少了高锰酸盐指数；沱江流域干流中游溶解氧浓度环比增长 8.6%，浓度变化不大；高锰酸盐指数环比下降 5.2%，浓度变化不大；氨氮同比增长 20.0%，氨氮污染程度有所增加；总磷同比增长 66.7%，氨氮污染程度显著增加；综合污染指数环比增加 15.5%，沱江流域干流中游水质综合质量变差，如图 6-3 所示。

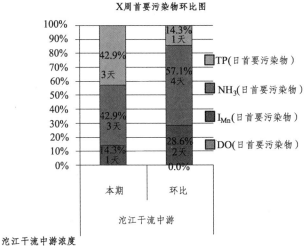

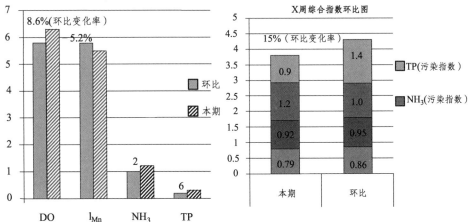

图 6-3　流域控制单元水质类别、首要污染物、超标倍数、综合指数环比图

6.1.2 流域行政区划评价

1. 流域行政区划

在评价时间段内，以该行政区划内的出境断面水质情况作为该流域行政区划的水质情况，涉及上、下游流域行政区的出入境断面，既属于上游流域行政区包括的断面，同时又属于流域行政区包括的断面，四川省流域行政区主要评价断面汇总表，如表6-8所示。

表6-8 流域行政区主要评价断面汇总表

序号	流域行政区		评价断面（水站名称）	交界情况	流域	水站所在市州
	行政区	流域干流/支流				
1	南充市	嘉陵江干流	烈面	南充—广安		武胜县烈面镇
2	广安市	嘉陵江干流	清平	广安—出川	嘉陵江	武胜县清平镇
3	广元市	嘉陵江干流	沙溪	广元—南充		大石板村
4	达州市	渠江干流	凉滩	达州—广安		广安区广兴镇
5	广安市	渠江干流	赛龙	广安—出川	渠江	岳池县赛龙乡
6	巴中市	渠江干流	江陵	巴中—达州		达县江陵镇
7	遂宁市	琼江	大安	遂宁—出川		安居区大安镇
8	绵阳市	涪江干流	香山	绵阳—遂宁	涪江	射洪县香山镇
9	遂宁市	涪江干流	老池	遂宁—出川		射洪县老池乡
10	阿坝州	岷江干流	黎明村	阿坝州—成都		都江堰市紫坪铺镇
11	眉山市	岷江干流	悦来渡口	眉山—乐山		市中区悦来乡
12	乐山市	岷江干流	月波	乐山—宜宾		蕨溪镇
13	成都市	通济堰	青龙	成都—眉山	岷江	彭山区青龙镇
14	雅安市	青衣江	杪椤峡	雅安—眉山		洪雅县槽渔滩镇
15	成都市	南河	董坝子	成都—眉山		彭山区青龙镇
16	成都市	府河	黄龙溪	成都—眉山		彭山区净皇乡
17	内江市	威远河	廖家堰	内江—自贡		大安区
18	自贡市	沱江干流	大磨子	自贡—泸州		泸县海潮镇
19	成都市	沱江干流	临江寺	成都—资阳		资阳市
20	资阳市	沱江干流	幸福村	资阳—内江	沱江	忠义镇幸福村
21	内江市	沱江干流	脚仙村	内江—自贡		富顺县庙坝镇
22	德阳市	青白江	清江	德阳—成都		金堂县清江镇
23	德阳市	北河	梓桐村	德阳—成都		金堂县清江镇

序号	流域行政区		评价断面	交界情况	流域	水站所在市州
	行政区	流域干流/支流	（水站名称）			
24	攀枝花	雅砻江干流	雅砻江口	凉山州—攀枝花	雅砻江	盐边县桐子林镇
25	凉山州	安宁河	昔街大桥	凉山州—攀枝花		米易县
26	攀枝花	金沙江干流	三块石	凉山州—宜宾	金沙江	安边镇打鱼村
27	泸州市	长江干流	沙溪口	泸州—出川	长江	合江县白米乡
28	广安市	大洪河	黎家乡	广安—出川		邻水县黎家乡

2. 流域行政区划水质评价

流域行政区划水质评价按"流域控制单元水质评价"方法对该流域行政区划内的水质进行评价。

3. 流域行政区划水质同比评价

流域行政区划水质同比评价按"流域控制单元水质同比评价"方法对该流域行政区划内的水质进行同比评价。

4. 流域行政区划水质环比评价

流域行政区划水质环比评价按"流域控制单元水质环比评价"方法对该流域行政区划内的水质进行环比评价。

6.2 四川省全流域水质评价

采用断面水质类别比例法，即根据评价河流、流域（水系）中各水质类别的断面数占河流、流域（水系）所有评价断面总数的百分比（可采用"4.3.2 流域达标率评价"的结果）来评价其水质状况。河流、流域（水系）的断面总数在 5 个（含 5 个）以上时不做平均水质类别的评价。

6.2.1 全省水质现状

6.2.1.1 全省水质类别评价方法

评价全省所有断面各水质类别百分比，重点突出好水与差水，即达标率、

Ⅴ类水及劣Ⅴ类水百分比；评价全省八大水系各水质类别百分比，重点突出好水与差水，即达标率、Ⅴ类水及劣Ⅴ类水百分比；评价污染严重的水系（分别以水系、干流、支流为对象），重点突出好水与差水，即达标率、Ⅴ类水及劣Ⅴ类水百分比。

例：以 2015 年全省地表水例行监测断面数据为例，结果如下：

全省监测断面总体评价见图 6-4（a），137 个省控地表水监测断面达标率为 62.0%。Ⅰ类水质断面 6 个，占 4.4%；Ⅱ类水质断面 44 个，占 32.1%；Ⅲ类水质断面 34 个，占 24.8%；Ⅳ类水质断面 25 个，占 18.2%；Ⅴ类水质断面 9 个，占 6.6%；劣Ⅴ类水质断面 19 个，占 13.9%。

全省八大流域评价见图 6-4（b），长江干流（四川段）5 个断面均为Ⅱ~Ⅲ类水质，达标率为 100%。金沙江水系 10 个断面均为Ⅰ~Ⅱ类水质，达标率为 100%。嘉陵江水系水质优，43 个断面达标率为 93.0%，Ⅰ~Ⅲ类水质断面占 93.0%，Ⅳ、Ⅴ类占 4.7%，劣Ⅴ类占 2.3%。岷江水系为中度污染，36 个断面达标率 52.6%；Ⅰ~Ⅲ类水质断面占 52.6%，Ⅳ、Ⅴ类占 21.1%，劣Ⅴ类占 26.3%。沱江水系为中度污染，38 个断面达标率 18.4%，Ⅰ~Ⅲ类水质断面占 15.8%，Ⅳ、Ⅴ类占 63.2%，劣Ⅴ类占 21.0%。

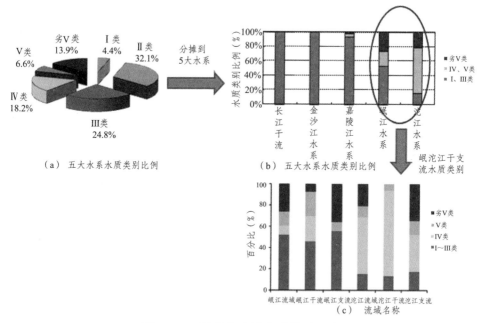

（a）五大水系水质类别比例　　　　（b）五大水系水质类别比例

图 6-4　四川省全流域水质类别评价

全省典型污染流域评价见图 6-4（c），岷江流域 38 个断面达标率 52.6%，包括：Ⅰ~Ⅲ类水断面 20 个，占 52.6%；Ⅳ类水断面 3 个，占 7.9%；Ⅴ类及劣 V 类水断面 15 个，占 39.5%。岷江干流 13 个断面达标率 46.2%，岷江支流 25 个断面达标率 44.0%，均为 V 类和劣 V 类水。沱江流域 38 个断面达标率为 15.8%，包括：I～III 类水断面 6 个，占 15.8%；IV 类水 20 个，占 52.6%；V 类及劣 V 类水 12 个，占 31.6%。沱江干流 15 个断面达标率 13.3%，沱江支流 23 个断面达标率 17.4%，其中 11 个断面为 V 类和劣 V 类水。

6.2.1.2 全省主要污染物评价方法

评价全省各污染物超 III 类水质的断面数，并从大到小排列；针对前两名污染物，评价其在全省八大流域的具体分布情况。

例：以 2015 年全省地表水例行监测断面数据为例，结果如下：

全省八大水系主要污染指标为总磷、氨氮和化学需氧量（见图 6-5）。在 137 个河流监测断面中，总磷、氨氮、化学需氧量超过 III 类水质标准的断面分别为 50、20、13 个，占 36.5%、14.6%、9.5%。50 个总磷超 III 类标准的断面，沱江水系、岷江水系和嘉陵江水系分别有 32、17 和 1 个。

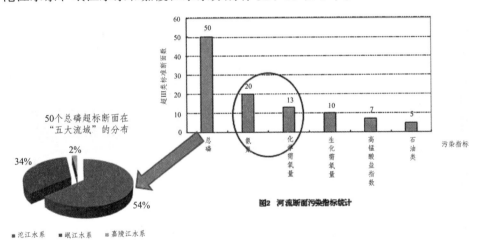

图 6-5　四川省全流域首要污染物评价

6.2.1.3 全省超标倍数评价

评价全省主要污染因子超标倍数，计算方法按第 4 章 "4.2.2 '超标评价方法'"，分流域展示，干流及支流断面均以从上游到下游排列。

例：以 2015 年全省地表水例行监测断面数据为例，全省总磷超标倍数结果如下：

沱江水系和岷江水系总磷超标倍数均是支流明显大于干流，显示支流污染比干流严重。沱江水系超标断面数大于岷江水系，但干流与支流的超标倍数均小于岷江干流与支流。岷江干流超标段主要集中在成都—眉山—乐山—宜宾段，最大超标倍数断面出现在眉山白糖厂，为1.81倍；支流超标段主要集中在成都—眉山段，最大超标倍数断面出现在体泉河口，为8.23倍。沱江干流几乎全线超标，超标倍数变化稳定，一般为0.23~0.48；支流超标段主要集中在成都—内江段和自贡段，最大超标倍数断面出现在自贡碳研所，为2.86倍。嘉陵江仅一支流上河坝断面超标，为1.34倍。金沙江、渠江、涪江、长江（四川段）和雅砻江等五大流域未见总磷超标，如图6-6所示。

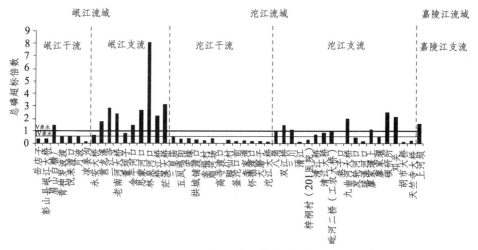

图6-6　四川省全流域超标倍数评价

6.2.2　全省水质环比评价

将本期流域水质类别百分比、首要污染物百分比、各评价指标浓度评价结果与去年（某年）上期流域相应评价结果进行环比评价。

流域水质类别百分比环比：当环比该流域水质类别相同，判断标准为变幅≤5%，评价结果为环比流域水质均符合（劣于）某水质类别，水质无（较大）变化；再评价流域达标率环比变化情况，若环比该流域水质类别不相同，判断标准为变幅>5%，评价结果为环比流域水质由上期某水质类别改善（下降）为本期的某水质类别，再对流域达标率环比变化情况评价。

例：以2013年至2015年全省地表水例行监测断面数据为例，水质类别变化环比图结果如下图6-7所示。

全省2013年至2015年第一季度断面水质达标率（Ⅰ至Ⅲ类水）整体略有上升，其中2013年至2014年水质改善明显。劣Ⅴ类水连续两年略有升高，

Ⅴ类变化不明显。

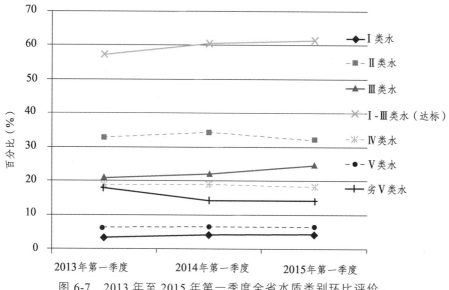

图 6-7　2013 年至 2015 年第一季度全省水质类别环比评价，
虚线代表相比上一期没有显著性变化

首要污染物环比：当同比该流域首要污染物相同，评价为该流域首要污染相同，均为某评价指标；当同比该流域首要污染物不相同，分别评价本期和上期的首要污染物。

例：以 2013 年至 2015 年全省地表水例行监测断面数据为例，首要污染物变化环比图结果如下图 6-8 所示。

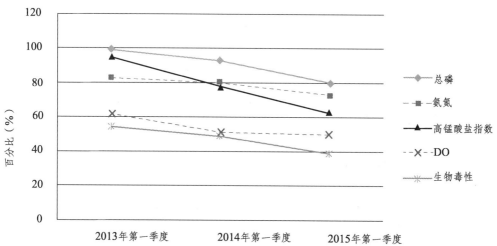

图 6-8　2013 年至 2015 年第一季度全省首要污染物环比评价，
虚线代表相比上一期没有显著性变化

全省 2013 年至 2015 年第一季度断面均以总磷为首要污染物，呈下降趋势，平均下降率为 12%；次要污染物氨氮 2013 年至 2014 年第一季度无明显变化，下降率为 3.4%，2014 年至 2015 年第一季度呈下降趋势，下降率为 8%；次要污染物高锰酸盐指数 2013 年至 2015 年第一季度均呈下降趋势，平均下降率为 23%。

各评价指标浓度环比：将各流域断面按干、支流，上游至下游排列，当本期流域某评价指标浓度值同比结果为负表明浓度环比增加，结果为正表明浓度环比降低。当某断面负值变幅（水质变坏）超过 30%，需预警该断面。

例：以 2013 年至 2015 年全省地表水例行监测断面数据为例，总磷污染物浓度值变化环比图结果如下图 6-9 所示。

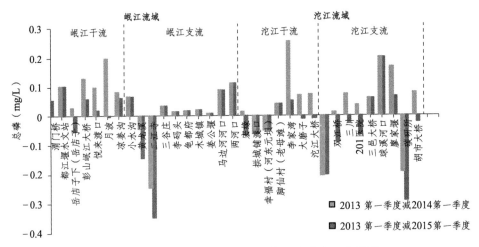

图 6-9　2013 年至 2015 年第一季度总磷浓度环比评价，
正值代表水质有所改善，负值代表水质下降

全省 2013 年至 2015 年第一季度断面总体呈改良趋势，其中岷江支流黄龙溪断面、二江寺断面总磷浓度上升分别为 31% 和 57%；沱江支流八角断面、碳研所断面总磷浓度上升分别为 42% 和 65%。

6.2.3　全省水质同比评价

将本期流域水质类别百分比、首要污染物百分比、各评价指标浓度评价结果与去年（某年）同期流域相应评价结果进行同比评价。

流域水质类别百分比同比：当同比该流域水质类别相同，判断标准为变幅 ≤5%，评价结果为同比流域水质均符合（劣于）某水质类别，水质无（较大）变化；再评价流域达标率同比变化情况，若同比该流域水质类别不相同，判断标准为变幅 > 5%，评价结果为同比流域水质由去年同期某水质类别改善（下降）为本期的某水质类别，再对流域达标率同比变化情况评价。

例：以 2013 年至 2015 年全省地表水例行监测断面数据为例，水质类别变化同比图结果如下图 6-10 所示。

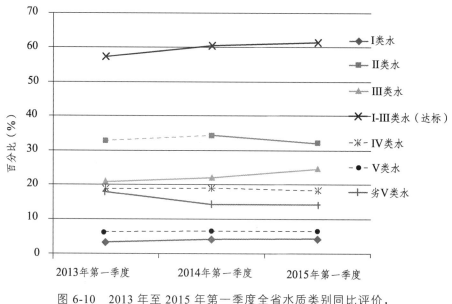

图 6-10　2013 年至 2015 年第一季度全省水质类别同比评价，
虚线代表相比上一期没有显著性变化

全省 2013 年至 2015 年第一季度断面水质达标率（Ⅰ至Ⅲ类水）整体略有上升，其中 2013 年至 2014 年水质改善明显。劣Ⅴ类水连续两年略有升高，Ⅴ类水变化不明显。

首要污染物同比：当同比该流域首要污染物相同，评价为该流域首要污染相同，均为某评价指标；当同比该流域首要污染物不相同，分别评价本期和去年（某年）同期的首要污染物。

例：以 2013 年至 2015 年全省地表水例行监测断面数据为例，首要污染物变化同比图结果如下图 6-11 所示。

全省 2013 年至 2015 年第一季度断面均以总磷为首要污染物，呈下降趋势，平均下降率为 12%；次要污染物氨氮 2013 年至 2014 年第一季度无明显变化，下降率为 3.4%，2014 年至 2015 年第一季度呈下降趋势，下降率为 8%；次要污染物高锰酸盐指数 2013 年至 2015 年第一季度均呈下降趋势，平均下降率为 23%。

首要（次要）污染物类别同比图

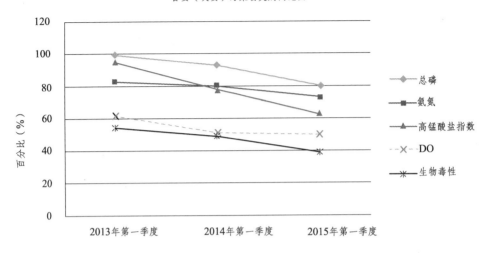

图 6-11　2013 年至 2015 年第一季度全省首要污染物同比评价，
虚线代表相比上一期没有显著性变化

各评价指标浓度同比：将各流域断面按干、支流，上游至下游排列，当本期流域某评价指标浓度值同比结果为负表明浓度同比增加，结果为正表明浓度同比降低。当某断面负值变幅（水质变坏）超过 30%，需预警该断面。

全省 2013 年至 2015 年第一季度断面总体呈改良趋势，其中岷江支流黄龙溪断面、二江寺断面总磷浓度上升分别为 31% 和 57%；沱江支流八角断面、碳研所断面总磷浓度上升分别为 42% 和 65%。

6.2.4　水质累积负荷

6.2.4.1　静态累积

静态累积：今年 1 月到 n 月（n 月为现状月）的污染物日均浓度负荷的污染日历图（见图 6-12），用以研判所评价断面或者流域今年水质变化情况。根据污染物浓度等级划分，以不同颜色柱状图按时间排序动态展示，其中颜色由浅变深表示水质状况变差。评价因子可分为水质类别、总磷、氨氮、高锰酸盐指数、DO。

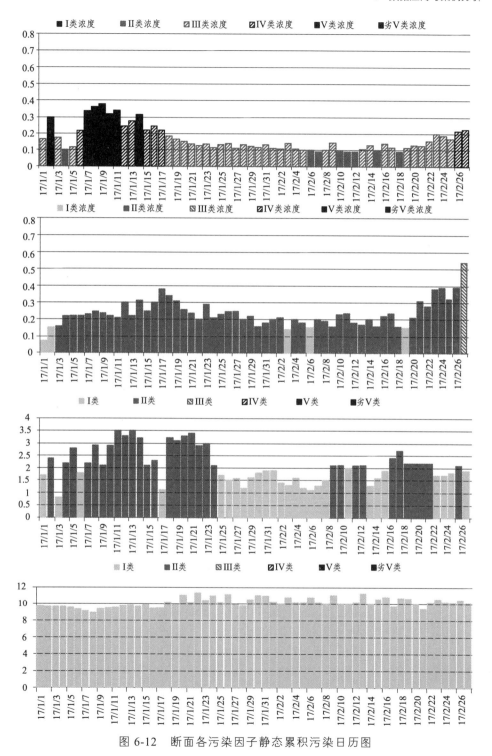

图 6-12 断面各污染因子静态累积污染日历图

断面静态累积：以岷江月波断面 2017 年 2 月自动监测数据为例，分别展示从 1 月 1 日至 2 月 28 日总磷、氨氮、高锰酸盐指数、DO 的污染日历图，可以看出该断面以总磷为首要污染物，超标时段主要集中在 1 月上旬至中旬。

流域静态累积：以岷江流域 2016 年 11 月自动监测数据为例，分别展示从 1 月 1 日至 11 月 30 日的污染日历图，其中纵轴排列为该流域内所属断面，且规则为干流、支流断面从上游到下游顺序置放，其中支流柱状长度为干流一半，有测流量条件的水站显示流量数据，以显示支流汇入对干流水量水质的影响过程。由图 6-13 中可以看出，岷江流域对于总磷来说空间变异性显著，上游紫坪铺以上水质优良，到成都平原有常年都是 V 类水质的黄龙溪的汇入，对岷江中、下游总磷有显著的影响，水质变为Ⅲ类至Ⅳ类；对于氨氮，虽然也有成都平原黄龙溪和董坝子这两条常年 V 类水质的支流汇入，但总体岷江的氨氮达标，在成都-乐山段降至Ⅲ类，但在宜宾出江口恢复Ⅱ类。

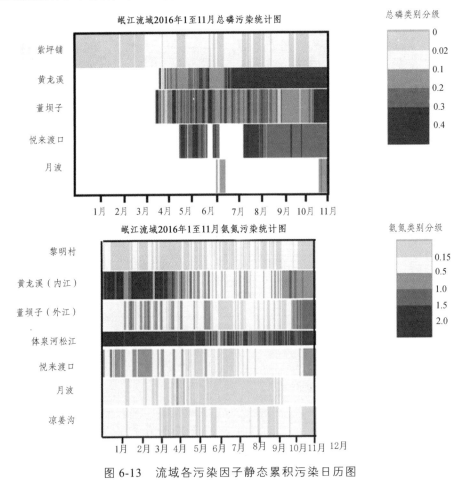

图 6-13　流域各污染因子静态累积污染日历图

6.2.4.2 滑动累积

滑动累积：从去年（12-*n*）月到今年 *n* 月（*n* 月为今年现状月）的污染物日均浓度负荷污染日历图（见图 6-14），通过用去年同比数据代替今年剩余月份以凑成完整年的方法，用以研判所评价断面或者流域的污染物浓度年均变化趋势。根据污染物浓度等级划分，以不同颜色柱状图按时间排序动态展示，其中颜色由浅变深表示水质状况变差。评价因子可分为水质类别、总磷、氨氮、高锰酸盐指数、DO。

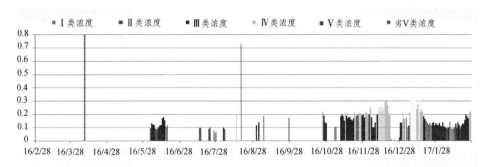

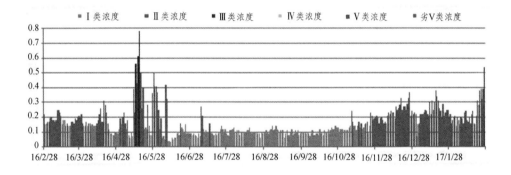

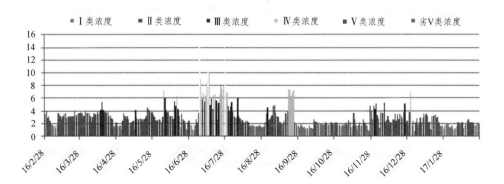

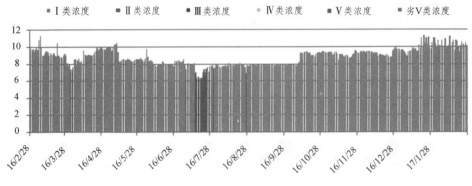

图 6-14   断面各污染因子滑动累积污染日历图

断面滑动累积：以岷江月波断面 2017 年 2 月自动监测数据为例，分别展示从 2016 年 3 月 1 日至 2017 年 2 月 28 日总磷、氨氮、高锰酸盐指数、DO 的污染日历图。

流域滑动累积：以岷江流域 2016 年 11 月自动监测数据为例，分别展示从 2015 年 12 月 1 日至 2016 年 11 月 30 日的污染日历图，其中纵轴排列为该流域内所属断面，且规则为干流、支流断面从上游到下游顺序置放，支流柱状长度为干流一半，有测流量条件的水站显示流量数据，以显示支流汇入对干流水量水质的影响过程，如图 6-15 所示。

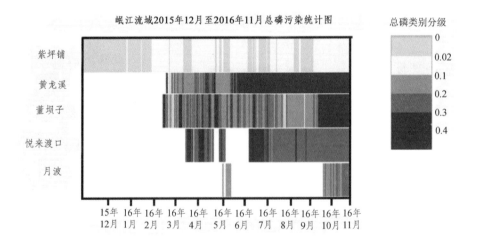

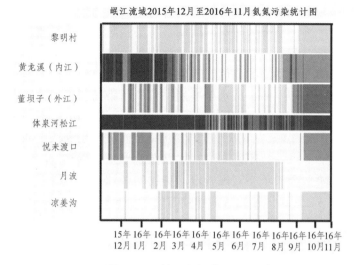

图 6-15　断面各污染因子滑动累积污染日历图

6.2.5　出川断面水质评价

6 个出川断面：嘉陵江的清平镇（从广安流入重庆）、涪江的老池（从遂宁流入重庆）、长江的沙溪口（从泸州流入重庆）、御临河的幺滩（从广安流入重庆）、渠江的赛龙乡（从广安流入重庆）、琼江的大安（从遂宁流入重庆）。

按"4.2.2 中'断面水质超标评价'"方法对出川断面水质是否超标、超标项目及超标项目的超标倍数和超标天数进行评价；同时再评价时间段内各评价指标的日均值超标天数及最大超标倍数进行评价。

按"4.2.3 中'首要污染物评价'"方法对出川断面水质首要污染物及其日首要污染物天数进行评价。

按"4.2.4 中'断面水质类别评价'"方法对出川断面水质类别进行评价。

按"4.2.5 中'主要污染物评价'"方法对出川断面水质主要污染物进行评价。

6.3　案例分析

6.3.1　断面监测数据应用与案例

断面评价报告分为水环境质量总体概况、污染物超标情况、同比环比、水质负荷累积。第一部分水环境质量总体情况先从污染日历图呈现水质类别以小时均和日均的变化情况，结合水质类别饼图、污染指数饼图和首要污染物比例饼图进行总结。第二部分污染物超标情况分别基于氨氮、总磷和高锰酸盐指数的污染日历图对各污染物的均值、水质类别、最值以及超标天数进行统计分析。第三部分同比环比依次从水质类别、首要污染物和污染物浓度的对比变化情况进行说明。第四部分水质负荷累积包括静态累积和滑动累积，其中静态累积指从 1 月到 n 月（n 为现状月）的各污染物水质类别和浓度的特征，滑动累积则指从去年（12-n）月到 n 月的各污染物水质类别和浓度的特征。因此，静态累积反映从今年年初到现阶段污染物的统计情况，滑动累积反映在假设用去年（12-n）月到年底的污染物分布代替今年同期剩余月份后，形成完整年污染物的统计情况。

例：岷江月波断面 2017 年 1 月水环境质量自动监测报告详见案例 1。

案例 1：

岷江月波断面水环境质量自动监测报告

（月报：2017 年 1 月）

四川省环境监测总站　　　　　　　　　　　　　2017 年 2 月 5 日

一、水环境质量总体情况

2017 年 1 月岷江月波断面水质为Ⅳ类，超标项目为总磷，超标 0.005 倍；本月 31 天中，日均值为Ⅱ类水质的天数占 3.2%，日均值为Ⅲ类水质的天数占 54.8%，日均值为Ⅳ类水质的天数占 19.4%，日均值为Ⅴ类水质的天数占 22.6%；首要污染物为总磷。本月日均值水质类别见图 6-17，水质类别分布见图 6-16，各指标本月均值污染指数比例见图 6-18，本月日首要污染物比例见图 6-19。

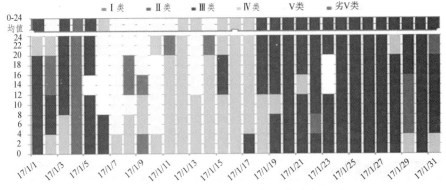

图 6-16　月波 2017 年 1 月水质类别分布图

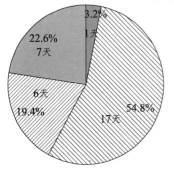

图 6-17 日均值类别比例图

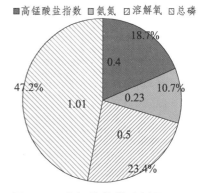

图 6-18 各污染指数比例图

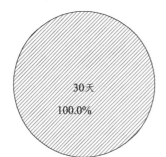

图 6-19 月波 2017 年 1 月日首要污染物比例图

二、污染物及超标情况

总磷月均浓度为 0.201 mg/L，水质为Ⅳ类；本月 31 天中共有 13 天日均值超标，最大日均浓度为 0.379 mg/L，超标 0.895 倍；日均值为Ⅱ类水质的有 1 天，日均值为Ⅲ类水质的有 17 天，日均值为Ⅳ类水质的有 6 天，日均值为Ⅴ类水质的有 7 天，如图 6-20 所示。

氨氮月均浓度为 0.23 mg/L，水质为Ⅱ类；本月中最大日均浓度为 0.38 mg/L；日均值为Ⅰ类水质的有 2 天，日均值为Ⅱ类水质的有 29 天，如图 6-21 所示。

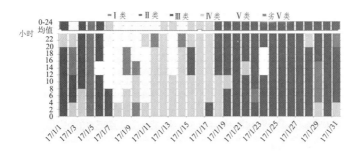

图 6-20 月波断面总磷水质类别月分布图

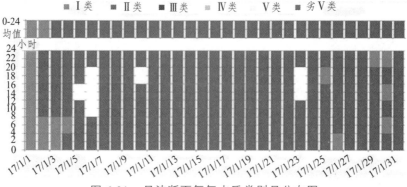

图 6-21　月波断面氨氮水质类别月分布图

高锰酸盐指数月均浓度为 2.4 mg/L，水质为Ⅱ类；最大日均浓度为 3.5 mg/L，日均值为Ⅰ类水质的有 11 天，日均值为Ⅱ类水质的有 20 天，如图 6-22 所示。

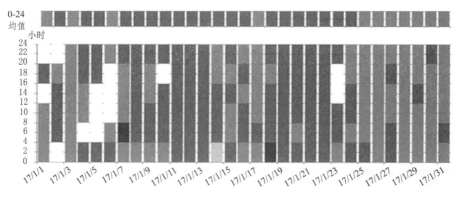

图 6-22　月波断面高锰酸盐指数水质类别月分布图

溶解氧月均浓度为 9.99 mg/L，水质为Ⅰ类；最低日均浓度为 8.96 mg/L；日均值为Ⅰ类水质的有 31 天，如图 6-23 所示。

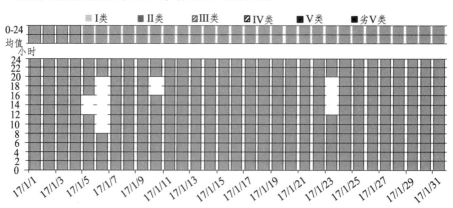

图 6-23　月波断面氨氮水质类别月分布图

三、同比环比

与上月相比，岷江月波断面水质由Ⅲ类下降为Ⅳ类；日均值为Ⅱ类水质的天数减少了 6 天，下降 19.4 个百分点；日均值为Ⅲ类水质的天数增加了 8 天，增加 25.8 个百分点；日均值为Ⅳ类水质的天数减少了 9 天，下降 29 个百分点；日均值为Ⅴ类水质的天数新增了 7 天，增加 22.6 个百分点。

与 2016 年 1 月同期相比，岷江月波断面水质由Ⅱ类下降为Ⅳ类；日均值为Ⅰ类水质的天数减少了 2 天，下降 6.5 个百分点；日均值为Ⅱ类水质的天数减少了 28 天，下降 90.3 个百分点；日均值为Ⅲ类水质的天数新增了 17 天，增加 54.8 个百分点；日均值为Ⅳ类水质的天数新增了 6 天，增加 19.4 个百分点；日均值为Ⅴ类水质的天数新增了 7 天，增加 22.6 个百分点，如图 6-24 所示。

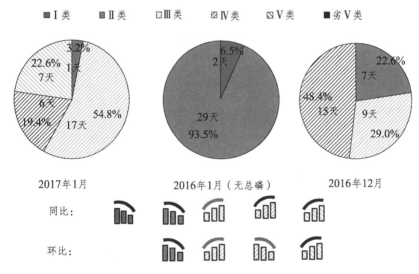

图 6-24　月波断面日均值类别同比环比图

与上月相比，岷江月波断面首要污染物同为总磷，总磷为日首要污染物的天数增加了 8 天，增加 8.3 个百分点。

与 2016 年 1 月同期Ⅰ类水相比，新增首要污染物为总磷增加 100 个百分点，如图 6-25 所示。

与上月相比，岷江月波断面的综合污染指数环比降低 2.4%，该断面水质综合质量环比变化不大。

与 2016 年 1 月同期相比，综合污染指数（扣除总磷污染指数）同比增加 8.6%，该断面水质综合质量同比有所变差，如图 6-26 所示。

图 6-25　月波断面首要污染物同比环比图

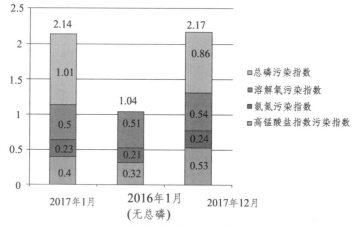

图 6-26　月波断面综合污染指数同比环比图

与上月相比，岷江月波断面的总磷月均浓度上升了 16.9%。

与 2016 年 1 月同期相比，新增监测总磷，如图 6-27 所示。

与上月相比，岷江月波断面的氨氮月均浓度下降了 4.2%。

与 2016 年 1 月同期相比，氨氮月均浓度上升了 9.5%，如图 6-28 所示。

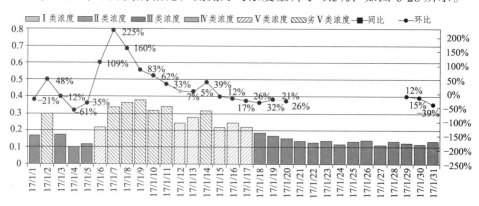

图 6-27　月波总磷浓度同比环比

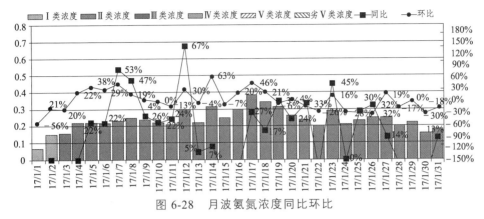

图 6-28　月波氨氮浓度同比环比

与上月相比，岷江月波断面的高锰酸盐指数月均浓度下降了 25%。

与 2016 年 1 月同期相比，高锰酸盐指数月均浓度上升了 26%，如图 6-29
所示。

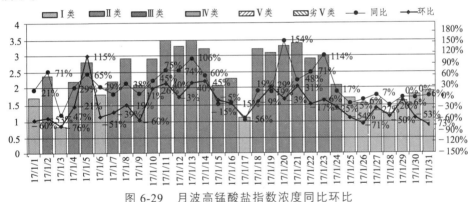

图 6-29　月波高锰酸盐指数浓度同比环比

与上月相比，岷江月波断面的溶解氧月均浓度上升了 7.7%。

与 2016 年 1 月同期相比，溶解氧月均浓度上升了 2.8%，如图 6-30 所示。

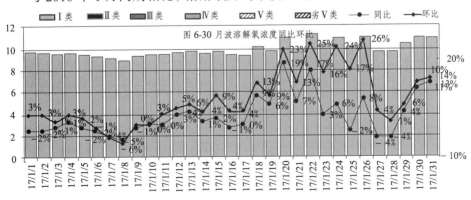

图 6-30　月波溶解氧浓度同比环比

四、累计比

从1月1日至2月27日岷江月波断面本年总磷共监测了58天，其中日均值为Ⅱ类水质的有8天，所占监测天数比例为13.8%；日均值为Ⅲ类水质的有35天，所占监测天数比例为60.3%；日均值为Ⅳ类水质的有8天，所占监测天数比例为13.8%；日均值为Ⅴ类水质的有7天，所占监测天数比例为12.1%，如图6-31所示。

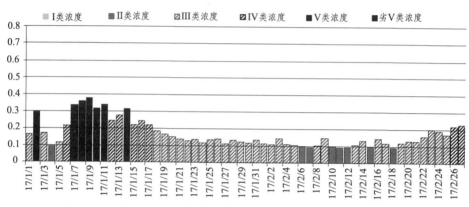

图6-31　月波断面本年内总磷日均浓度图

从1月1日至2月27日岷江月波断面本年氨氮共监测了58天，其中日均值为Ⅰ类水质的有5天，所占监测天数比例为8.6%；日均值为Ⅱ类水质的有52天，所占监测天数比例为89.7%；日均值为Ⅲ类水质的有1天，所占监测天数比例为1.7%，如图6-32所示。

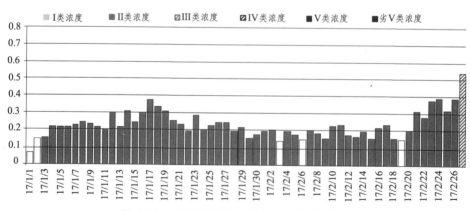

图6-32　月波断面本年内氨氮日均浓度图

从1月1日至2月27日岷江月波断面本年高锰酸盐指数共监测了58天，其中日均值为Ⅰ类水质的有27天，所占监测天数比例为46.6%；日均值为Ⅱ类水质的有31天，所占监测天数比例为53.4%，如图6-33所示。

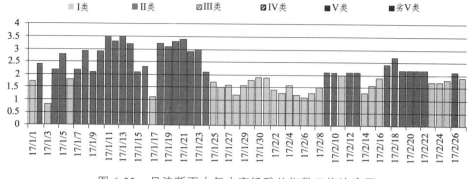

图 6-33　月波断面本年内高锰酸盐指数日均浓度图

从 1 月 1 日至 2 月 27 日岷江月波断面本年溶解氧共监测了 58 天，其中日均值为 I 类水质的有 58 天，所占监测天数比例为 100%，如图 6-34 所示。

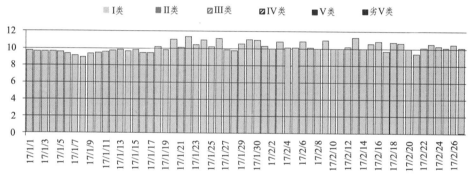

图 6-34　月波断面本年内溶解氧日均浓度图

从 2016 年 2 月 28 日至 2017 年 2 月 27 日，1 年内岷江月波断面总磷共监测了 147 天，其中日均值为 I 类水质的有 6 天，所占监测天数比例为 4.1%；日均值为 II 类水质的有 21 天，所占监测天数比例为 14.3%；日均值为 III 类水质的有 81 天，所占监测天数比例为 55.1%；日均值为 IV 类水质的有 30 天，所占监测天数比例为 20.4%；日均值为 V 类水质的有 7 天，所占监测天数比例为 4.8%；日均值为劣 V 类水质的有 2 天，所占监测天数比例为 1.4%，如图 6-35 所示。

从 2016 年 2 月 28 日至 2017 年 2 月 27 日，1 年内岷江月波断面氨氮共监测了 366 天，其中日均值为 I 类水质的有 201 天，所占监测天数比例为 54.9%；日均值为 II 类水质的有 161 天，所占监测天数比例为 44%；日均值为 III 类水质的有 4 天，所占监测天数比例为 1.1%，如图 6-36 所示。

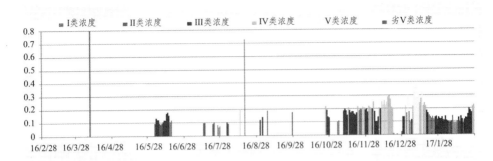

图 6-35　月波断面 1 周年内总磷日均浓度图

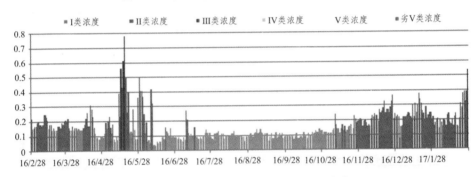

图 6-36　月波断面 1 周年内氨氮日均浓度图

从 2016 年 2 月 28 日至 2017 年 2 月 27 日,1 年内岷江月波断面高锰酸盐指数共监测了 366 天,其中日均值为Ⅰ类水质的有 111 天,所占监测天数比例为 30.3%;日均值为Ⅱ类水质的有 200 天,所占监测天数比例为 54.6%;日均值为Ⅲ类水质的有 31 天,所占监测天数比例为 8.5%;日均值为Ⅳ类水质的有 20 天,所占监测天数比例为 5.5%;日均值为Ⅴ类水质的有 4 天,所占监测天数比例为 1.1%,如图 6-37 所示。

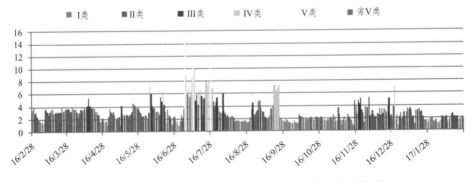

图 6-37　月波断面 1 周年内高锰酸盐指数日均浓度图

从 2016 年 2 月 28 日至 2017 年 2 月 27 日，1 年内岷江月波断面溶解氧共监测了 366 天，其中日均值为 I 类水质的有 350 天，所占监测天数比例为95.6%；日均值为 II 类水质的有 16 天，所占监测天数比例为 4.4%，如图 6-38所示。

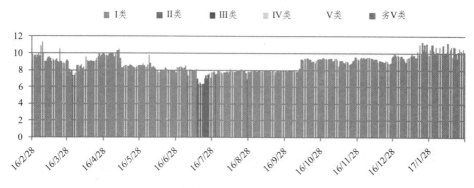

图 6-38　月波断面 1 周年内溶解氧日均浓度图

6.3.2　行政区监测数据应用与案例

行政区评价报告在结构上采取该区域内若干断面并列展示，在内容上分为水环境质量总体概况、污染物超标情况、同比环比、水质负荷累积。第一部分水环境质量总体概况分别用污染日历图（小时均和日均）、水质类别饼图、污染指数饼图和首要污染物比例饼图进行总结。第二部分污染物超标情况分别基于氨氮、总磷和高锰酸盐指数的污染日历图对各污染物的均值、水质类别、最值以及超标天数进行统计分析。第三部分同比环比依次从水质类别、首要污染物和污染物浓度的对比变化情况进行说明。第四部分水质负荷累积包括静态累积和滑动累积。

例：乐山市 2017 年 1 月水环境质量自动监测报告详见案例 2。

案例 2：

乐山市水环境质量自动监测报告

（月报：2017 年 1 月）

四川省环境监测总站　　　　　　　　　　　　　　　　　2017 年 2 月 5 日

一、水环境质量总体情况

按照《地表水环境质量标准》（GB 3838—2002）及《"十三五"生态环境保护规划》评价，乐山市有岷江干流入境断面（眉山市与乐山市交界）和岷江干流出境断面（眉山市与宜宾市交界）。

入境断面：2017 年 1 月岷江悦来渡口断面水质为Ⅳ类，超标项目为总磷，超标 0.375 倍；本月 31 天中，日均值为Ⅳ类水质的天数占 83.9%，日均值为Ⅴ类水质的天数占 12.9%，日均值为劣Ⅴ类水质的天数占 3.2%；首要污染物为总磷。本月日均值水质类别见图 6-40，水质类别分布见图 6-39，各指标本月均值污染指数比例见图 6-41，本月日首要污染物比例见图 6-42。

出境断面：2017 年 1 月岷江月波断面水质为Ⅳ类，超标项目为总磷，超标 0.005 倍；本月 31 天中，日均值为Ⅱ类水质的天数占 3.2%，日均值为Ⅲ类水质的天数占 54.8%，日均值为Ⅳ类水质的天数占 19.4%，日均值为Ⅴ类水质的天数占 22.6%；首要污染物为总磷。本月日均值水质类别见图 6-44，水质类别分布见图 6-43，各指标本月均值污染指数比例见图 6-45，本月日首要污染物比例见图 6-46。

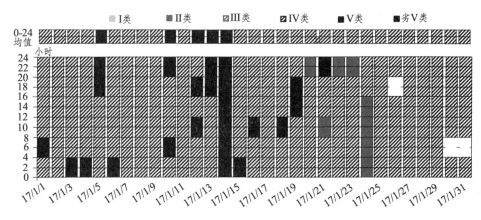

图 6-39　悦来渡口 2017 年 1 月水质类别分布图

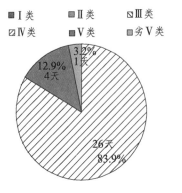

图 6-40　日均值类别比例图

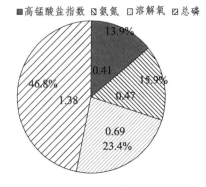

图 6-41　各污染指数比例图

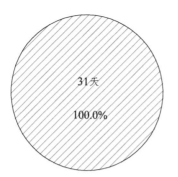

日首要污染物高锰酸盐指数

日首要污染物氨氮

日首要污染物溶解氧

日首要污染物总磷

图 6-42 悦来渡口 2017 年 1 月日首要污染物比例图

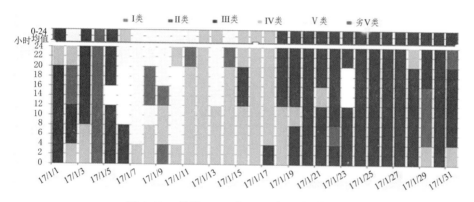

图 6-43 月波 2017 年 1 月水质类别分布图

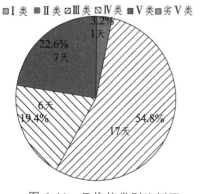

图 6-44 日均值类别比例图

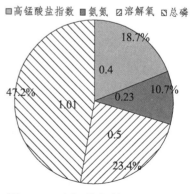

图 6-45 各污染指数比例图

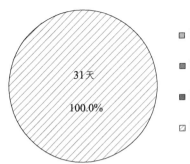

图 6-46　月波 2017 年 1 月日首要污染物比例图

二、污染物及超标情况

入境断面：总磷月均浓度为 0.275 mg/L，水质为Ⅳ类；本月 31 天日均值均超标，最大日浓度为 0.42 mg/L，日均值为Ⅳ类水质的有 26 天，日均值为Ⅴ类水质的有 4 天，日均值为劣Ⅴ类水质的有 1 天，如图 6-47 所示。

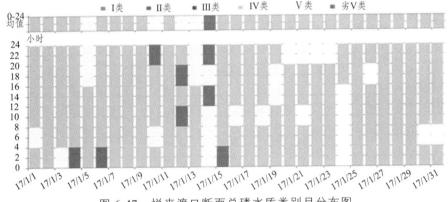

图 6-47　悦来渡口断面总磷水质类别月分布图

氨氮月均浓度为 0.468 mg/L，水质为Ⅱ类；最大日均浓度为 0.95 mg/L，日均值为Ⅱ类水质的有 24 天，日均值为Ⅲ类水质的有 7 天，如图 6-48 所示。

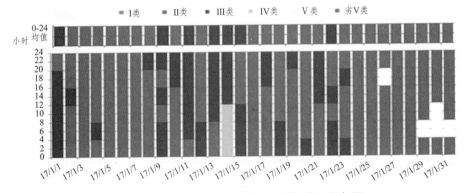

图 6-48　悦来渡口断面氨氮水质类别月分布图

高锰酸盐指数月均浓度为 2.448 mg/L，水质为Ⅱ类；最大日均浓度为 2.9 mg/L，日均值为Ⅰ类水质的有 8 天，日均值为Ⅱ类水质的有 23 天，如图 6-49 所示。

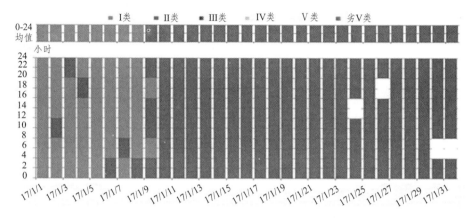

图 6-49　悦来渡口断面高锰酸盐指数水质类别月分布图

溶解氧月均浓度为 7.269 mg/L，水质为Ⅱ类；最大日均浓度为 8.26 mg/L，日均值为Ⅰ类水质的有 10 天，日均值为Ⅱ类水质的有 21 天，如图 6-50 所示。

出境断面：总磷月均浓度为 0.201 mg/L，水质为Ⅳ类；本月 31 天中共有 13 天日均值超标，最大日均浓度为 0.379 mg/L，超标 0.895 倍；日均值为Ⅱ类水质的有 1 天，日均值为Ⅲ类水质的有 17 天，日均值为Ⅳ类水质的有 6 天，日均值为Ⅴ类水质的有 7 天，如图 6-51 所示。

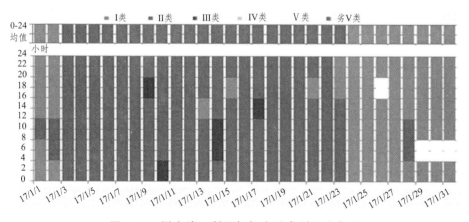

图 6-50　悦来渡口断面氨氮水质类别月分布图

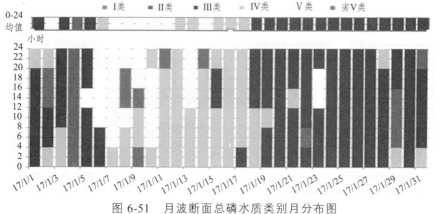

图 6-51　月波断面总磷水质类别月分布图

氨氮月均浓度为 0.23 mg/L，水质为Ⅱ类；本月中最大日均浓度为 0.38 mg/L；日均值为Ⅰ类水质的有 2 天，日均值为Ⅱ类水质的有 30 天，如图 6-52 所示。

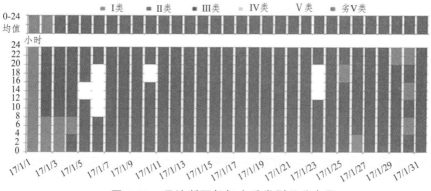

图 6-52　月波断面氨氮水质类别月分布图

高锰酸盐指数月均浓度为 2.4 mg/L，水质为Ⅱ类；最大日均浓度为 3.5 mg/L，日均值为Ⅰ类水质的有 11 天，日均值为Ⅱ类水质的有 20 天，如图 6-53 所示。

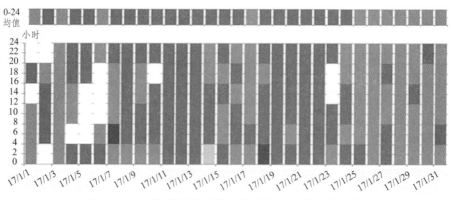

图 6-53　月波断面高锰酸盐指数水质类别月分布图

溶解氧月均浓度为 9.99 mg/L，水质为Ⅰ类；最低日均浓度为 8.96 mg/L；日均值为Ⅰ类水质的有 31 天，如图 6-54 所示。

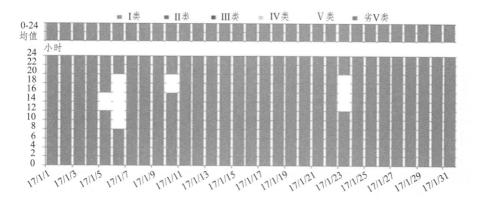

图 6-54 月波断面氨氮水质类别月分布图

三、同比环比

入境断面：与上月相比，岷江悦来渡口断面水质均为Ⅳ类；日均值为Ⅳ类水质的天数减少了 3 天，下降 9.7 个百分点；日均值为Ⅴ类水质的天数增加了 2 天，上升 6.5 个百分点；日均值为劣Ⅴ类水质的天数新增 1 天，新增 3.2 个百分点。

与 2016 年 1 月同期相比，岷江悦来渡口断面水质由Ⅲ类下降为Ⅳ类；日均值为Ⅱ类水质的天数减少了 12 天，下降 38.7 个百分点；日均值为Ⅲ类水质的天数减少了 18 天，下降 58.1 个百分点；日均值为Ⅳ类水质的天数增加了 25 天，上升 80.6 个百分点；日均值为Ⅴ类水质的天数新增 4 天，新增 12.9 个百分点；日均值为劣Ⅴ类水质的天数新增 1 天，新增 3.2 个百分点，如图 6-55 所示。

与上月相比，岷江悦来渡口断面首要污染物同为总磷，总磷为日首要污染物的天数同为 31 天。

与 2016 年 1 月同期相比，首要污染物由氨氮变成总磷，总磷为日首要污染物的天数相对氨氮为日首要污染物的天数增加了 12 天，占比均为 100 个百分点，如图 6-56 所示。

与上月相比，岷江悦来渡口断面的综合污染指数环比增加 10.1%，该断面水质综合质量环比明显变差。

与 2016 年 1 月同期相比，综合污染指数（扣除总磷污染指数）同比增加 0.6%，该断面水质综合质量环比变化不大，如图 6-57 所示。

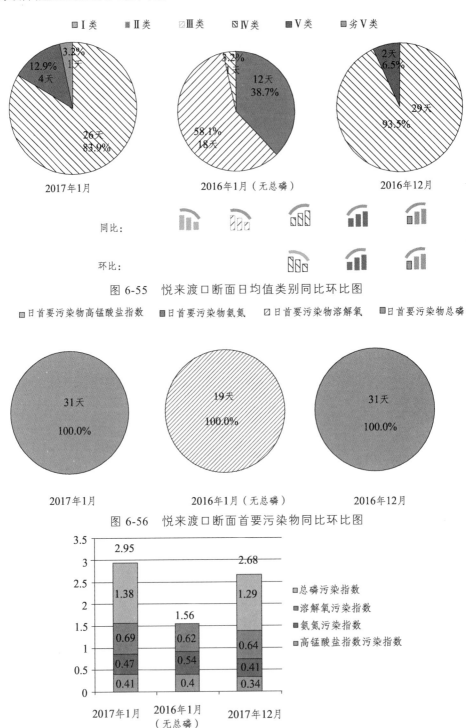

图 6-55　悦来渡口断面日均值类别同比环比图

图 6-56　悦来渡口断面首要污染物同比环比图

图 6-57　悦来渡口断面综合污染指数同比环比图

与上月相比，岷江悦来渡口断面的总磷月均浓度上升了 7.0%。

与 2016 年 1 月同期相比，新增监测总磷，如图 6-58 所示。

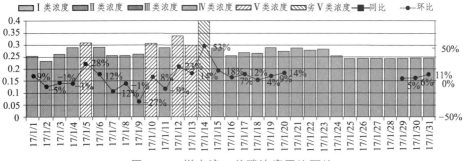

图 6-58　悦来渡口总磷浓度同比环比

与上月相比，岷江悦来渡口断面的氨氮月均浓度下降了 14%。

与 2016 年 1 月同期相比，氨氮月均浓度下降了 14%，如图 6-59 所示。

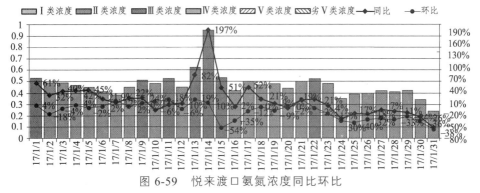

图 6-59　悦来渡口氨氮浓度同比环比

与上月相比，岷江悦来渡口断面的高锰酸盐指数月均浓度上升了 20%。

与 2016 年 1 月同期相比，高锰酸盐指数月均浓度上升了 1.3%，如图 6-60 所示。

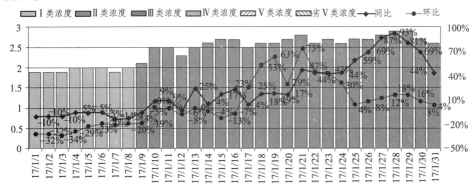

图 6-60　悦来渡口高锰酸盐指数浓度同比环比

与上月相比，岷江悦来渡口断面的溶解氧月均浓度下降了 6.9%。

与 2016 年 1 月同期相比，溶解氧月均浓度下降了 10.3%，如图 6-61 所示。

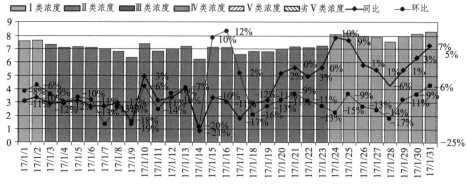

图 6-61　悦来渡口溶解氧浓度同比环比

出境断面：与上月相比，岷江月波断面水质由Ⅲ类下降为Ⅳ类；日均值为Ⅱ类水质的天数减少了 6 天，下降 19.4 个百分点；日均值为Ⅲ类水质的天数增加了 8 天，增加 25.8 个百分点；日均值为Ⅳ类水质的天数减少了 9 天，下降 29 个百分点；日均值为Ⅴ类水质的天数新增了 7 天，增加 22.6 个百分点。

与 2016 年 1 月同期相比，岷江月波断面水质由Ⅱ类下降为Ⅳ类；日均值为Ⅰ类水质的天数减少了 2 天，下降 6.5 个百分点；日均值为Ⅱ类水质的天数减少了 28 天，下降 90.3 个百分点；日均值为Ⅲ类水质的天数新增了 17 天，增加 54.8 个百分点；日均值为Ⅳ类水质的天数新增了 6 天，增加 19.4 个百分点；日均值为Ⅴ类水质的天数新增了 7 天，增加 22.6 个百分点，如图 6-62 所示。

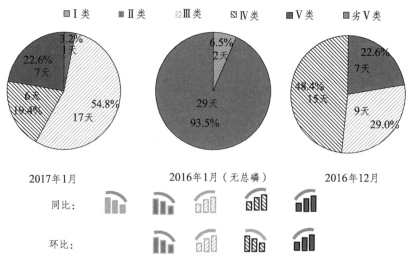

图 6-62　月波断面日均值类别同比环比图

与上月相比，岷江月波断面首要污染物同为总磷，总磷为日首要污染物的天数增加了8天，增加8.3个百分点。

与2016年1月同期Ⅰ类水相比，新增首要污染物为总磷增加100个百分点，如图6-63所示。

图 6-63 　月波断面首要污染物同比环比图

与上月相比，岷江月波断面的综合污染指数环比降低2.4%，该断面水质综合质量环比变化不大。

与2016年1月同期相比，综合污染指数（扣除总磷污染指数）同比增加8.6%，该断面水质综合质量同比有所变差，如图6-64所示。

图 6-64 　月波断面综合污染指数同比环比图

与上月相比，岷江月波断面的总磷月均浓度上升了16.9%。

与2016年1月同期相比，新增监测总磷，如图6-65所示。

与上月相比，岷江月波断面的氨氮月均浓度下降了4.2%。

与2016年1月同期相比，氨氮月均浓度上升了9.5%，如图6-66所示。

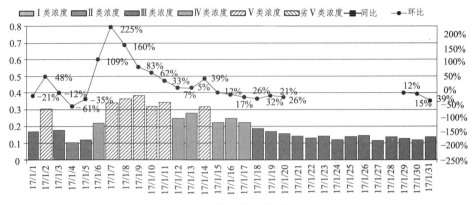

图 6-65　月波总磷浓度同比环比

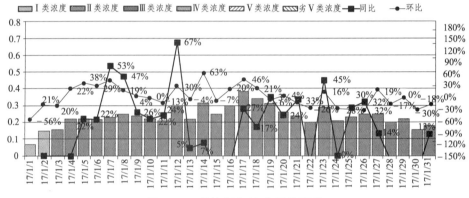

图 6-66　月波氨氮浓度同比环比

与上月相比，岷江月波断面的高锰酸盐指数月均浓度下降了 25%。

与 2016 年 1 月同期相比，高锰酸盐指数月均浓度上升了 26%，如图 6-67 所示。

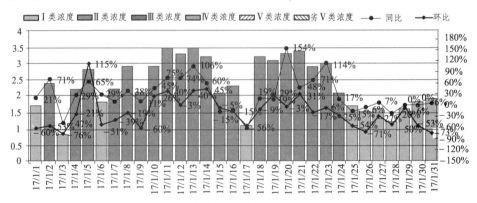

图 6-67　月波高锰酸盐指数浓度同比环比

与上月相比，岷江月波断面的溶解氧月均浓度上升了 7.7%。

与 2016 年 1 月同期相比，溶解氧月均浓度上升了 2.8%，如图 6-68 所示。

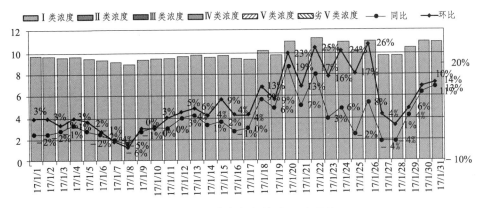

图 6-68　月波溶解氧浓度同比环比

四、水质负荷累积

入境断面：从 1 月 1 日至 2 月 27 日本年总磷共监测了 58 天，其中日均值为 IV 类水质的有 53 天，所占监测天数比例为 91.4%；日均值为 V 类水质的有 4 天，所占监测天数比例为 6.9%；日均值为劣 V 类水质的有 1 天，所占监测天数比例为 1.7%，如图 6-69 所示。

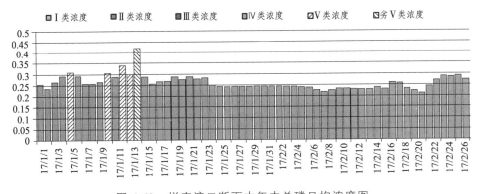

图 6-69　悦来渡口断面本年内总磷日均浓度图

从 1 月 1 日至 2 月 27 日岷江悦来渡口断面本年氨氮共监测了 54 天，其中日均值为 I 类水质的有 4 天，所占监测天数比例为 7.4%；日均值为 II 类水质的有 40 天，所占监测天数比例为 74.1%；其中日均值为 III 类水质的有 10 天，所占监测天数比例为 18.5%，如图 6-70 所示。

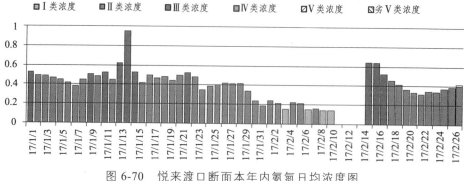

图 6-70 悦来渡口断面本年内氨氮日均浓度图

从 1 月 1 日至 2 月 27 日岷江悦来渡口断面本年高锰酸盐指数共监测了 58 天，其中日均值为 I 类水质的有 11 天，所占监测天数比例为 19%；日均值为 II 类水质的有 47 天，所占监测天数比例为 81%，如图 6-71 所示。

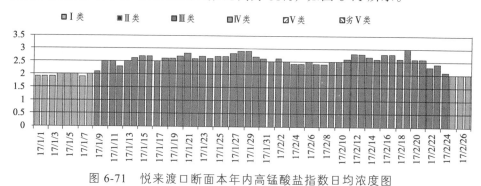

图 6-71 悦来渡口断面本年内高锰酸盐指数日均浓度图

从 1 月 1 日至 2 月 27 日岷江悦来渡口断面本年溶解氧共监测了 58 天，其中日均值为 I 类水质的有 20 天，所占监测天数比例为 34.5%；日均值为 II 类水质的有 33 天，所占监测天数比例为 56.9%；日均值为 III 类水质的有 5 天，所占监测天数比例为 8.6%，如图 6-72 所示。

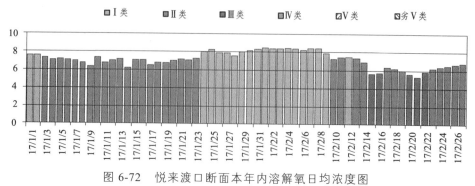

图 6-72 悦来渡口断面本年内溶解氧日均浓度图

从 2016 年 2 月 28 日至 2017 年 2 月 27 日，1 年内岷江悦来渡口断面总磷共监测了 233 天，其中日均值为 I 类水质的有 8 天，所占监测天数比例为 3.4%；日均值为 II 类水质的有 2 天，所占监测天数比例为 0.9%；日均值为 III 类水质的有 8 天，所占监测天数比例为 3.4%；日均值为 IV 类水质的有 153 天，所占监测天数比例为 65.7%；日均值为 V 类水质的有 53 天，所占监测天数比例为 22.7%；日均值为劣 V 类水质的有 9 天，所占监测天数比例为 3.9%，如图 6-73 所示。

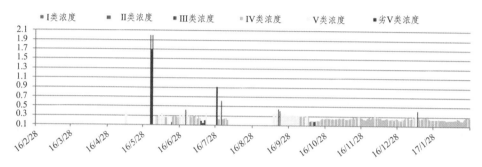

图 6-73　悦来渡口断面 1 周年内总磷日均浓度图

从 2016 年 2 月 28 日至 2017 年 2 月 27 日，1 年内岷江悦来渡口断面氨氮共监测了 366 天，其中日均值为 I 类水质的有 76 天，所占监测天数比例为 20.8%；日均值为 II 类水质的有 230 天，所占监测天数比例为 62.8%；日均值为 III 类水质的有 60 天，所占监测天数比例为 16.4%，如图 6-74 所示。

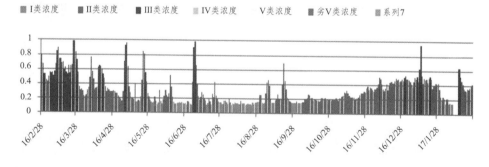

图 6-74　悦来渡口断面 1 周年内氨氮日均浓度图

从 2016 年 2 月 28 日至 2017 年 2 月 27 日，1 年内岷江悦来渡口断面高锰酸盐指数共监测了 366 天，其中日均值为 I 类水质的有 37 天，所占监测天数比例为 10.1%；日均值为 II 类水质的有 290 天，所占监测天数比例为 79.2%；日均值为 III 类水质的有 39 天，所占监测天数比例为 10.7%，如图 6-75 所示。

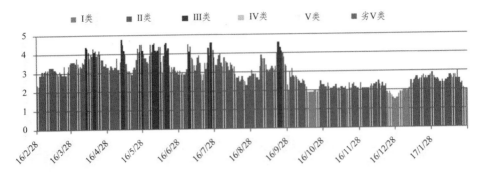

图 6-75　悦来渡口断面 1 周年内高锰酸盐指数日均浓度图

从 2016 年 2 月 28 日至 2017 年 2 月 27 日，1 年内岷江悦来渡口断面溶解氧共监测了 366 天，其中日均值为 I 类水质的有 213 天，所占监测天数比例为 58.2%；日均值为 II 类水质的有 120 天，所占监测天数比例为 32.8%；日均值为 III 类水质的有 29 天，所占监测天数比例为 7.9%；日均值为 IV 类水质的有 4 天，所占监测天数比例为 1.1%，如图 6-76 所示。

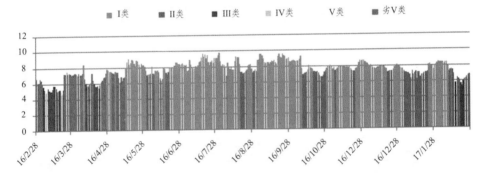

图 6-76　悦来渡口断面 1 周年内溶解氧日均浓度图

出境断面：从 1 月 1 日至 2 月 27 日岷江月波断面本年总磷共监测了 58 天，其中日均值为 II 类水质的有 8 天，所占监测天数比例为 13.8%；日均值为 III 类水质的有 35 天，所占监测天数比例为 60.3%；日均值为 IV 类水质的有 8 天，所占监测天数比例为 13.8%；日均值为 V 类水质的有 7 天，所占监测天数比例为 12.1%，如图 6-77 所示。

从 1 月 1 日至 2 月 27 日岷江月波断面本年氨氮共监测了 58 天，其中日均值为 I 类水质的有 5 天，所占监测天数比例为 8.6%；日均值为 II 类水质的有 52 天，所占监测天数比例为 89.7%；日均值为 III 类水质的有 1 天，所占监测天数比例为 1.7%，如图 6-78 所示。

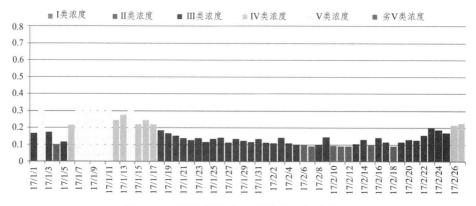

图 6-77　月波断面本年内总磷日均浓度图

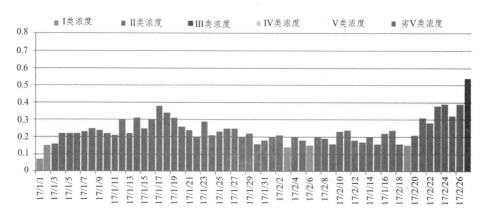

图 6-78　月波断面本年内氨氮日均浓度图

从 1 月 1 日至 2 月 27 日岷江月波断面本年高锰酸盐指数共监测了 58 天，其中日均值为Ⅰ类水质的有 27 天，所占监测天数比例为 46.6%；日均值为Ⅱ类水质的有 31 天，所占监测天数比例为 53.4%，如图 6-79 所示。

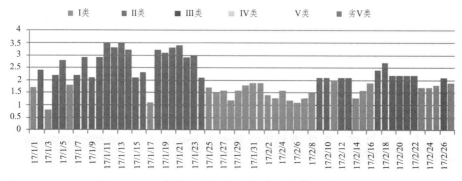

图 6-79　月波断面本年内高锰酸盐指数日均浓度图

从 1 月 1 日至 2 月 27 日岷江月波断面本年溶解氧共监测了 58 天，其中日均值为Ⅰ类水质的有 58 天，所占监测天数比例为 100%，如图 6-80 所示。

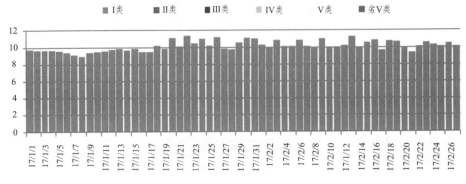

图 6-80　月波断面本年内溶解氧日均浓度图

从 2016 年 2 月 28 日至 2017 年 2 月 27 日，1 年内岷江月波断面总磷共监测了 147 天，其中日均值为Ⅰ类水质的有 6 天，所占监测天数比例为 4.1%；日均值为Ⅱ类水质的有 21 天，所占监测天数比例为 14.3%；日均值为Ⅲ类水质的有 81 天，所占监测天数比例为 55.1%；日均值为Ⅳ类水质的有 30 天，所占监测天数比例为 20.4%；日均值为Ⅴ类水质的有 7 天，所占监测天数比例为 4.8%；日均值为劣Ⅴ类水质的有 2 天，所占监测天数比例为 1.4%，如图 6-81 所示。

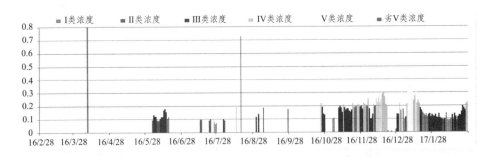

图 6-81　月波断面 1 周年内总磷日均浓度图

从 2016 年 2 月 28 日至 2017 年 2 月 27 日，1 年内岷江月波断面氨氮共监测了 366 天，其中日均值为Ⅰ类水质的有 201 天，所占监测天数比例为 54.9%；日均值为Ⅱ类水质的有 161 天，所占监测天数比例为 44%；日均值为Ⅲ类水质的有 4 天，所占监测天数比例为 1.1%，如图 6-82 所示。

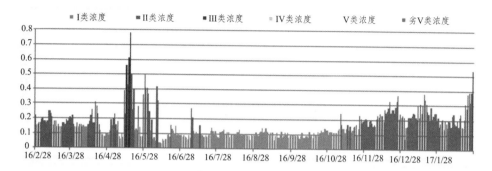

图 6-82　月波断面 1 周年内氨氮日均浓度图

从 2016 年 2 月 28 日至 2017 年 2 月 27 日，1 年内岷江月波断面高锰酸盐指数共监测了 366 天，其中日均值为 I 类水质的有 111 天，所占监测天数比例为 30.3%；日均值为 II 类水质的有 200 天，所占监测天数比例为 54.6%；日均值为 III 类水质的有 31 天，所占监测天数比例为 8.5%；日均值为 IV 类水质的有 20 天，所占监测天数比例为 5.5%；日均值为 V 类水质的有 4 天，所占监测天数比例为 1.1%，如图 6-83 所示。

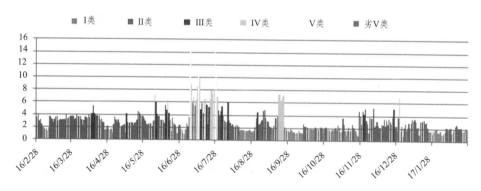

图 6-83　月波断面 1 周年内高锰酸盐指数日均浓度图

从 2016 年 2 月 28 日至 2017 年 2 月 27 日，1 年内岷江月波断面溶解氧共监测了 366 天，其中日均值为 I 类水质的有 350 天，所占监测天数比例为 95.6%；日均值为 II 类水质的有 16 天，所占监测天数比例为 4.4%，如图 6-84 所示。

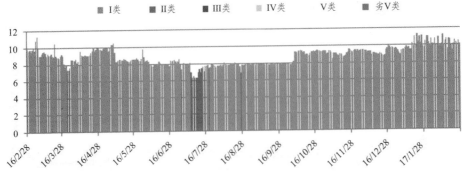

图 6-84　月波断面 1 周年内溶解氧日均浓度图

6.3.3　流域监测数据应用与案例

流域评价报告在以流域、干流、支流为评价对象，在内容上分为水环境质量总体概况、污染物超标情况、同比环比、水质负荷累积。第一部分水环境质量总体概况用污染日历图展现水质类别从上游到下游、支流汇入等时空变化特征，并结合水质类别饼图、污染指数饼图和首要污染物比例饼图进行总结。第二部分污染物超标情况分别基于氨氮、总磷和高锰酸盐指数的空间分布特征对各污染物的均值、水质类别、最值以及超标天数进行统计分析。第三部分同比环比依次从水质类别、首要污染物和污染物浓度的对比变化情况进行说明。第四部分水质负荷累积包括静态累积和滑动累积。

例：岷江流域 2016 年 11 月水环境质量自动监测报告详见案例 3。

案例 3：

岷江流域水环境质量自动监测报告

（月报：2016 年 11 月）

四川省环境监测总站　　　　　　　　　　　　　　2016 年 12 月 4 日

一、水环境质量总体状况

按照《地表水环境质量标准》（GB3838—2002）及《"十三五"生态环境保护规划》评价，岷江流域水质达标率为 34%，其中Ⅰ类水为 5.5%，Ⅱ类水为 7.3%，Ⅲ类水为 21.2%；超标率为 66%，其中Ⅳ类水为 35%，Ⅴ类水为 20.8%，劣Ⅴ类水为 10.2%。岷江干流水质达标率为 57%，其中Ⅰ类水为 7%，Ⅱ类水为 12%，Ⅲ类水为 38%；超标率为 43%，其中Ⅳ类水为 23%，Ⅴ类水为 13%，劣Ⅴ类水为 7%。岷江支流水质达标率为 13%，其中Ⅰ类水为 0%，Ⅱ类水为 0%，Ⅲ类水为 13%；超标率为 87%，其中Ⅳ类水为 34%，Ⅴ类水为 38%，劣

V类水为15%。岷江流域当月首要污染物为总磷，如图6-85、6-86、6-87所示。

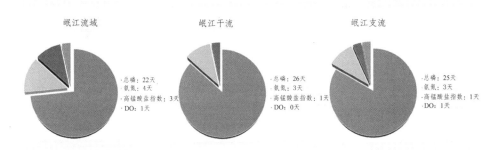

图 6-85 2016 年 11 月岷江流域断面水质类别总体占比和首要污染物占比

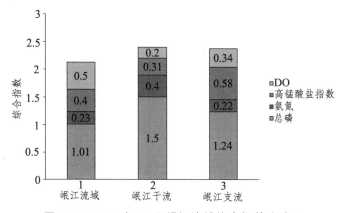

图 6-86 2016 年 11 月岷江流域综合指数统计图

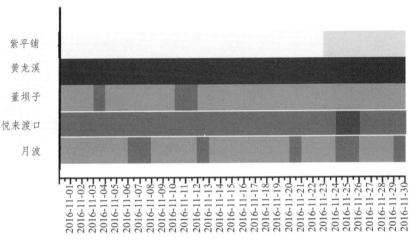

图 6-87　2016 年 11 月岷江流域各断面污染日历图

二、污染物超标情况

总磷：岷江流域（即岷江干流）总磷达标天数率为 35.1%，月均浓度为 0.214 mg/L，最大日均浓度值为 0.653 mg/L（岷江黄龙溪）。

氨氮：岷江流域氨氮达标天数率为 39.2%，月均浓度为 0.659 mg/L，最大日均浓度值为 3.23 mg/L（体泉河）。岷江干流氨氮达标天数率为 58.4%，月均浓度为 0.327 mg/L，最大日均浓度值为 2.54 mg/L（岷江黄龙溪）。岷江支流氨氮达标天数率为 0%，月均浓度为 2.25 mg/L，最大日均浓度值为 3.23 mg/L（体泉河）。

高锰酸盐指数：岷江流域高锰酸盐指数达标天数率为 81.4%，月均浓度为 3.52 mg/L，最大日均浓度值 7.23 mg/L（体泉河）。岷江干流高锰酸盐指数达标天数率为 100%，月均浓度为 2.12 mg/L，最大日均浓度值为 4.24 mg/L（岷江黄龙溪）。岷江支流氨氮达标天数率为 0%，月均浓度为 2.25 mg/L，最大日均浓度值为 3.48 mg/L（岷江体泉河）。

DO：岷江流域 DO 达标天数率为 83.1%，月均浓度为 6.16 mg/L，最小日均浓度值为 2.65 mg/L（体泉河）。岷江干流 DO 达标天数率为 90.5%，月均浓度为 7.25 mg/L，最小日均浓度值为 5.62 mg/L（岷江黄龙溪）。岷江支流氨氮达标天数率为 0%，月均浓度为 3.25 mg/L，最小日均浓度值为 2.18 mg/L（岷江体泉河）。

三、同比环比

按照《地表水环境质量标准》（GB3838—2002）及《"十三五"生态环境保护规划》评价岷江流域水质类别同比、环比变化情况。岷江流域达标天数比例为 34%，同比下降 14 个百分点，环比下降 7 个百分点；Ⅳ类水达标天数比例为 35%，同比上升 10 个百分点，环比上升 8 个百分点；Ⅴ类水达标天数比例为 20%，同比下降 2 个百分点，环比下降 2 个百分点；劣Ⅴ类水达标天数比例为 11%，同比上升 6 个百分点，环比上升 7 个百分点。岷江干流达标天数比例为 57%，同比上升 5 个百分点，环比上升 6 个百分点；Ⅳ类水达标天数比例为 23%，同比下降 4 个百分点，环比下降 7 个百分点；Ⅴ类水达标天数比例为 13%，同比下降 3 个百分点，环比下降 2 个百分点；劣Ⅴ类水达标天数比例为 7%，同比上升 2 个百分点，环比上升 3 个百分点。岷江支流达标天数比例为 13%，同比下降 3 个百分点，环比下降 2 个百分点；Ⅳ类水达标天数比例为 34%，同比维持不变，环比下降 2 个百分点；Ⅴ类水达标天数比例为 38%，同比上升 5 个百分点，环比上升 1 个百分点；劣Ⅴ类水达标天数比例为 15%，同比维持不变，环比下降 3 个百分点，如图 6-88 所示。

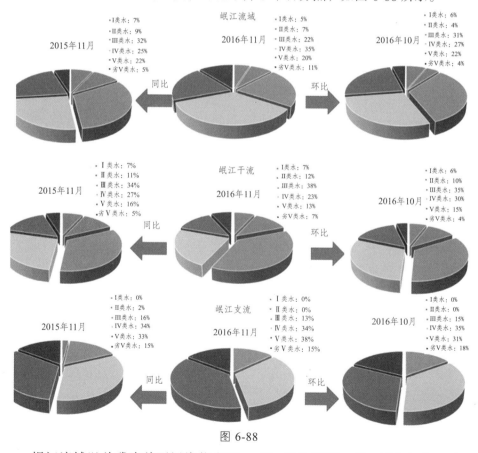

图 6-88

岷江流域以总磷为首要污染物出现 22 天，同比下降 1 天，环比上升 2 天；

以氨氮为首要污染物出现 4 天，同比下降 2 天，环比下降 1 天；以高锰酸盐指数为首要污染物出现 3 天，同比上升 2 天，环比上升 1 天；以 DO 为首要污染物出现 1 天，同比维持不变，环比下降 1 天。岷江干流以总磷为首要污染物出现 26 天，同比上升 2 天，环比上升 6 天；以氨氮为首要污染物出现 3 天，同比下降 2 天，环比下降 1 天；以高锰酸盐指数为首要污染物出现 1 天，同比上升 1 天，环比下降 2 天；以 DO 为首要污染物出现 0 天，同比下降 1 天，环比下降 3 天。岷江支流以总磷为首要污染物出现 25 天，同比上升 4 天，环比上升 7 天；以氨氮为首要污染物出现 3 天，同比下降 4 天，环比下降 7 天；以高锰酸盐指数为首要污染物出现 1 天，同比下降 1 天，环比下降 1 天；以 DO 为首要污染物出现 1 天，同比维持不变，环比上升 1 天，如图 6-89 所示。

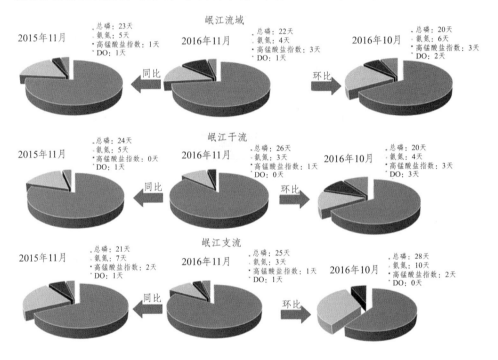

图 6-89

按照《地表水环境质量标准》（GB 3838—2002）评价岷江流域污染物浓度同比、环比变化情况。与上月相比，岷江流域 11 月总磷月均浓度下降 15.4 个百分点，氨氮月均浓度上升 42.5 个百分点，DO 月均浓度上升 18.5 个百分点，高锰酸盐指数月均浓度下降 4.1 个百分点；岷江干流 11 月总磷月均浓度下降 4.2 个百分点，氨氮月均浓度上升 12.7 个百分点，DO 月均浓度上升 2.1 个百分点，高锰酸盐指数月均浓度下降 1.2 个百分点；岷江支流 11 月氨氮月均浓度上升 10.7 个百分点，DO 月均浓度上升 61.2 个百分点，高锰酸盐指数月均浓度下降 7.58 个百分点。

与去年同期相比，岷江流域 11 月总磷月均浓度上升 11.9 个百分点，氨氮月均浓度下降 18.6 个百分点，DO 月均浓度下降 22.4 个百分点，高锰酸盐指数月均浓度上升 5.0 个百分点；岷江干流 11 月总磷月均浓度上升 5.3 个百分点，氨氮月均浓度下降 2.7 个百分点，DO 月均浓度下降 6.7 个百分点，高锰酸盐指数月均浓度上升 1.2 个百分点；岷江支流 11 月氨氮月均浓度下降 15.6 个百分点，DO 月均浓度下降 25.9 个百分点，高锰酸盐指数月均浓度下降 18.3 个百分点，如图 6-90 所示。

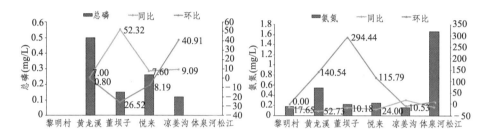

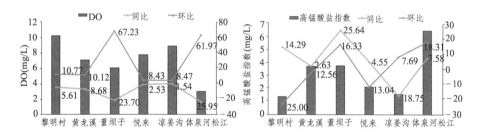

图 6-90

四、水质负荷累积

1. 静态累积

岷江流域从 2016 年 1—11 月份的 7 个站点日均水质类别来看，该流域水质状况优于沱江流域，V 类及劣 V 类污染天数显著减少，达标天数明显上升。从空间分布中下游污染、支流明显比干流严重。从季节分布来看，6—10 月份全流域水质状况以达标为主，V 类及劣 V 类污染主要集中在冬季枯水期。

2016 年 1—11 月，岷江流域断面达标率为 56.9%，首要污染物总磷平均浓度为 0.17 mg/L，其中典型支流体泉河流域总磷平均浓度为 0.28 mg/L；次要污染物氨氮平均浓度为 0.76 mg/L，其中典型支流体泉河流域氨氮平均浓度为 2.14 mg/L，如图 6-91 所示。

2. 动态累积

岷江流域从 2015 年 12 月至 2016 年 11 月的 7 个站点日均水质类别来看，该流域水质状况优于沱江流域，Ⅴ 类及劣 Ⅴ 类污染天数显著减少，达标天数明显上升。从空间分布中下游污染、支流明显比干流严重。从季节分布来看，6—10 月全流域水质状况以达标为主，Ⅴ 类及劣 Ⅴ 类污染主要集中在冬季枯水期。

2015 年 12 月至 2016 年 11 月，岷江流域断面达标率为 61.2%，首要污染物总磷平均浓度为 0.14 mg/L，其中典型支流体泉河流域总磷平均浓度为 0.35 mg/L；次要污染物氨氮平均浓度为 0.76 mg/L，其中典型支流体泉河流域氨氮平均浓度为 1.72 mg/L，如图 6-92 所示。

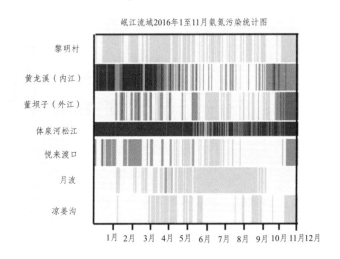
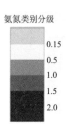

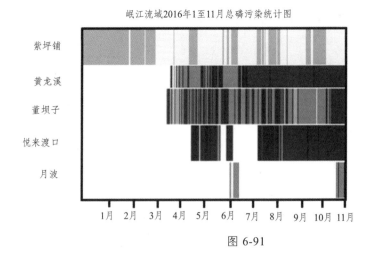
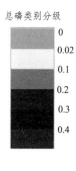

图 6-91

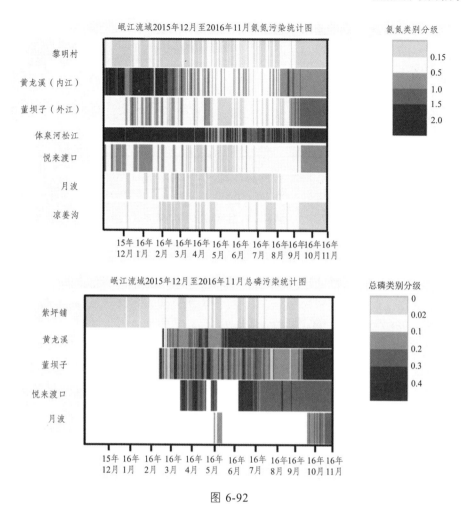

图 6-92

6.3.4　全省监测数据应用与案例

全省评价报告以岷江流域（包含大渡河和青衣江）、沱江流域、嘉陵江流域、渠江流域、涪江流域、金沙江流域、长江流域（四川段）和雅砻江流域为评价对象，在内容上分为水环境质量总体概况、污染物超标情况、同比环比、水质负荷累积。第一部分水环境质量总体概况从水质类别饼图、污染指数饼图和首要污染物比例饼图进行总结，并分析出（入）境断面水质情况。第二部分污染物超标情况分别基于氨氮、总磷和高锰酸盐指数的空间分布特征对各污染物的均值、水质类别、最值以及超标天数进行统计分析。第三部分同比环比依次从水质类别、首要污染物和污染物浓度的对比变化情况进行说明。第四部分水质负荷累积包括静态累积和滑动累积。

例：四川省八大流域 2016 年 11 月水环境质量自动监测报告详见案例 4。

案例 4：

四川省八大流域水环境质量自动监测报告

（月报：2016 年 11 月）

四川省环境监测总站   2016 年 12 月 2 日

一、全省八大流域水环境质量总体状况

按照《地表水环境质量标准》（GB3838—2002）及《"十三五"生态环境保护规划》评价四川省八大流域，11 月份总体达标率为 61.3%，其中 I 类水为 4.4%，II 类水为 32.1%，III 类水为 24.8%；总体超标率为 38.7%，其中 IV 类水为 18.2%，V 类水为 6.6%，劣 V 类水为 13.9%（见图 6-93）。金沙江流域、长江流域（四川段）、雅砻江流域达标率最高，均为 100.0%；岷江流域、沱江流域达标率比例最低，分别为 62% 和 43%；涪江流域、渠江流域和嘉陵江流域达标率比例在 78.2% 和 94.3% 之间（见图 6-94）。四川省八大流域总体达标率比例环比下降 13.4 个百分点，同比下降 11.0 个百分点。本月首要污染物以总磷为主（见图 6-95）。

6 个出川断面均达标。嘉陵江的清平镇（广安入重庆）、涪江的老池（从遂宁流入重庆）为 II 类水质；长江的沙溪口（从泸州流入重庆）、御临河的幺滩（从广安流入重庆）、渠江的赛龙乡（从广安流入重庆）、琼江的大安（从遂宁流入重庆）为 III 类水质。3 个入川断面达标，金沙江的龙洞（云南流入攀枝花）为 I 类水质，濑溪河的方洞（从重庆流入泸州）III 类水质，三块石（从云南流入宜宾）为 III 类水质。

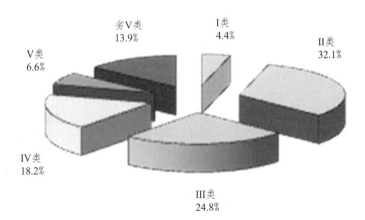

图 6-93   2016 年 11 月四川省八大流域断面水质类别总体比例

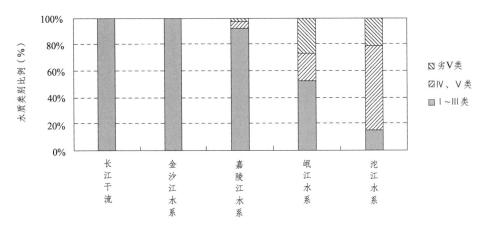

图 6-94　2016 年 11 月四川省八大流域断面水质类别占比

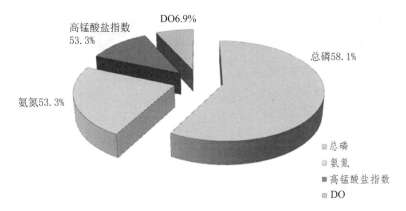

图 6-95　2016 年 11 月四川省八大流域断面首要污染物占比

二、污染物超标情况

总磷：全省断面总磷超标率为 68.3%，全省月均浓度为 0.255 mg/L，最大日均浓度值为 0.653 mg/L（岷江干流黄龙溪）。岷江流域总磷超标率为 40.3%，月均浓度为 0.306 mg/L，最大日均浓度值为 0.653 mg/L（岷江干流黄龙溪）。沱江流域总磷超标率为 76.5%，月均浓度 0.204 mg/L，最大日均浓度值为 0.569 mg/L（釜溪河碳研所）。嘉陵江流域总磷超标率为 23.5%，月均浓度为 0.145 mg/L，最大日均浓度值为 0.381 mg/L（琼江大安）。渠江流域总磷超标为 20.4%，月均浓度为 0.165 mg/L，最大日均浓度值为 0.289 mg/L（御临河幺滩）。金沙江总磷超标率为 0%，月均浓度为 0.103 mg/L，最大日均浓度值为 0.176 mg/L（金沙江龙洞）。

氨氮：全省断面氨氮超标率为 39.2%，全省月均浓度为 0.459 mg/L，最大日均浓度值为 1.04 mg/L（体泉河）。岷江流域氨氮超标率为 42.1%，月均浓度为 0.387 mg/L，最大日均浓度值为 1.04 mg/L（体泉河）。沱江流域氨氮超标率为 66.5%，月均浓度为 0.769 mg/L，最大日均浓度值为 1.52 mg/L（釜溪河邓关）。嘉陵江流域氨氮超标率为 0%，月均浓度为 0.245 mg/L，最大日均浓度值为 0.332 mg/L（嘉陵江烈面）。渠江流域氨氮超标为 0%，月均浓度为 0.33 mg/L，最大日均浓度值 0.43 mg/L（州河化工园区）。金沙江氨氮超标率为 0%，月均浓度为 0.172 mg/L，最大日均浓度值为 0.222 mg/L（金沙江龙洞）。

高锰酸盐指数：全省断面高锰酸盐指数超标率为 13.2%，全省月均浓度为 3.1 mg/L，最大日均浓度值为 7.4 mg/L（体泉河）。岷江流域高锰酸盐指数超标率为 22.1%，月均浓度为 4.2 mg/L，最大日均浓度值为 7.4 mg/L（体泉河）。沱江流域高锰酸盐指数超标率为 2.5%，月均浓度为 3.2 mg/L，最大日均浓度值为 4.8 mg/L（沱江淮口）。嘉陵江流域高锰酸盐指数超标率为 2.8%，月均浓度为 1.8 mg/L，最大日均浓度值为 6.1 mg/L（西充河）。渠江流域高锰酸盐指数超标为 0%，月均浓度为 2.6 mg/L，最大日均浓度值为 3.43 mg/L（御临河幺滩）。金沙江高锰酸盐指数超标率为 0%，月均浓度为 2.9 mg/L，最大日均浓度值为 3.2 mg/L（金沙江龙洞）。

DO：全省断面 DO 超标率为 0%，全省月均浓度为 3.1 mg/L，最大日均浓度值为 7.4 mg/L（体泉河）。岷江流域 DO 超标率为 22.1%，月均浓度为 4.2 mg/L，最大日均浓度值为 7.4 mg/L（体泉河）。沱江流域高锰酸盐指数超标率为 2.5%，月均浓度为 3.2 mg/L，最大日均浓度值为 4.8 mg/L（沱江淮口）。嘉陵江流域高锰酸盐指数超标率为 2.8%，月均浓度为 1.8 mg/L，最大日均浓度值为 6.1 mg/L（西充河）。渠江流域高锰酸盐指数超标为 0%，月均浓度为 2.6 mg/L，最大日均浓度值为 3.4 mg/L（御临河幺滩）。金沙江高锰酸盐指数超标率为 0%，月均浓度为 2.9 mg/L，最大日均浓度值为 3.2 mg/L（金沙江龙洞）。

三、同比环比

按照《地表水环境质量标准》（GB 3838—2002）及《"十三五"生态环境保护规划》重点评价四川省八大流域好水和坏水，即达到或好于Ⅲ类水和劣Ⅴ类水的比例及同比情况，岷江流域达标水比例为 62.3%，同比下降 12.3 个百分点，劣Ⅴ类水为 10.4%，同比维持不变；沱江流域达标水比例为 36.2%，同比下降 2.3 个百分点，劣Ⅴ类水为 5.2%，同比下降 4.0 个百分点；嘉陵江流域达标水比例为 92.4%，同比下降 5.7 个百分点，劣Ⅴ类水为 1.5%，环比下降 2.8 个百分点；涪江流域达标水比例为 97.4%，环比下降 1.7 个百分点，劣Ⅴ类水为 0%，环比维持不变；渠江流域达标水比例为 91.3%，环比下降 1.7 个百分点，劣Ⅴ类水为 2.4%，环比上升 0.8 个百分点，如图 6-96 所示。

　　全省八大流域断面 2016 年 11 月、2016 年 10 月（环比）和 2015 年 11 月（同比）均以总磷为首要污染物，其中总磷所占断面比例环比上升 6%、同比下降 10%，氨氮所占断面比例环比下降 3%、同比上升 1%，高锰酸盐指数所占断面比例环比下降 5%、同比上升 5%，DO 所占断面比例环比上升 2%、同比上升 4%，如图 6-97 所示。

　　按照《地表水环境质量标准》（GB 3838—2002）评价四川省八大流域，与上月相比，11 月总磷月均浓度明显上升，上升 7.8 个百分点；氨氮、高锰酸盐指数月均浓度有所上升，分别上升 3.4、2.5 个百分点；DO 月均浓度趋势维持不变。岷江流域总磷、高锰酸盐指数、氨氮和 DO 月均浓度分别上升 4.3、2.5、2.2 和 1.0 个百分点；沱江流域总磷、高锰酸盐指数、氨氮月均浓度分别上升 4.6、3.8、2.1 个百分点，DO 下降 0.2 个百分点。

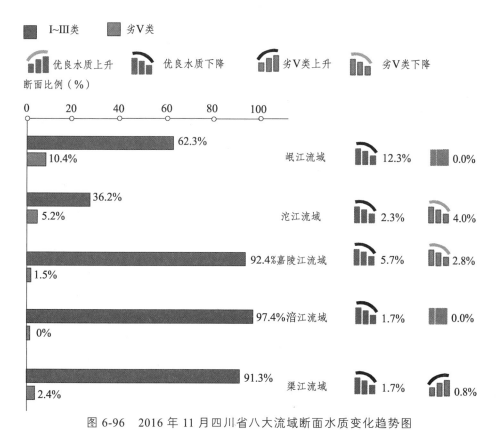

图 6-96　2016 年 11 月四川省八大流域断面水质变化趋势图

图 6-97

与去年同期相比，总磷、氨氮月均浓度明显上升，分别上升 6.8、5.6 个百分点；高锰酸盐指数月均浓度有所上升，上升 2.3 个百分点；DO 月均浓度略有下降，下降 1.2 个百分点。岷江流域总磷、高锰酸盐指数、氨氮和 DO 月均浓度分别上升 2.6、1.3、2.1 和 0.7 个百分点；沱江流域总磷、高锰酸盐指数、氨氮月均浓度分别上升 2.6、1.3、1.1 个百分点，DO 下降 0.4 个百分点，如图 6-98 所示。

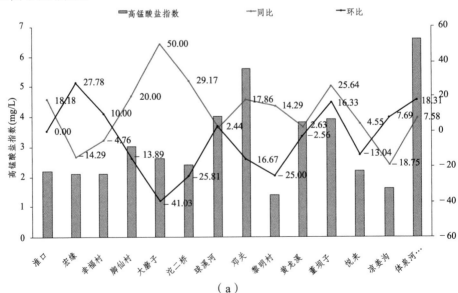

（a）

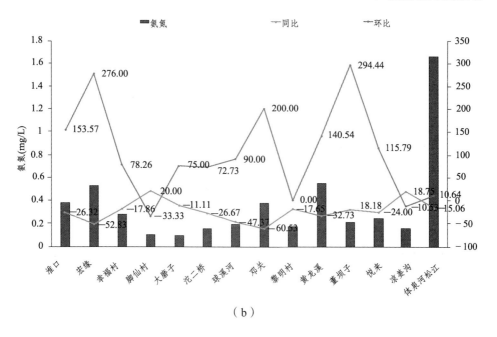

（b）

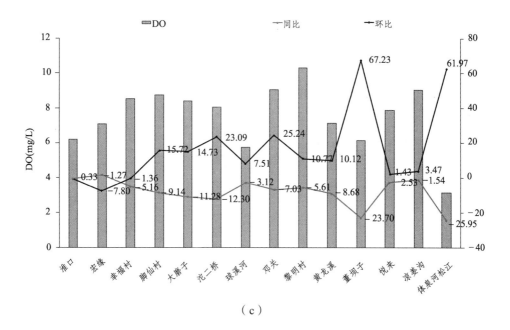

（c）

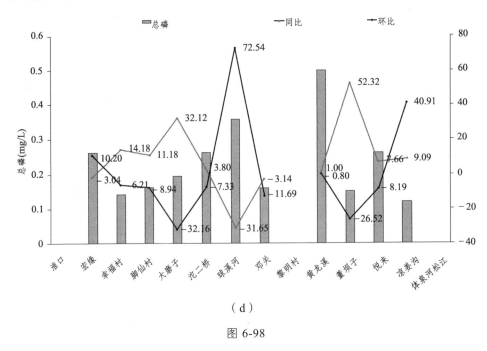

（d）

图 6-98

四、水质负荷累积

1. 静态累积

全省八大流域水质状况描述：

2016 年 1—11 月份全省八大流域水质总体达标率为 72.2%，其中Ⅰ类水占 11.2%，Ⅱ类水占 20.2%，Ⅲ类水占 40.8%；总体超标率为 17.8%，其中Ⅳ类水为 4.5%，Ⅴ类水为 8.7%，劣Ⅴ类水为 4.6%。2016 年 1—11 月份全省总磷、氨氮、高锰酸盐指数及 DO 平均浓度分别为 0.15 mg/L、0.45 mg/L、4.5 mg/L、8.9 mg/L，水质超标率较多的流域依次为：岷江流域中段、沱江流域中段。

重点流域水质状况描述：

（1）沱江流域从 2016 年 1—11 月份的 8 个站点日均水质类别来看，该流域水质状况总体有所改善，劣Ⅴ类断面污染天数明显减少，达标天数大幅上升，在 2016 年 1 月至 4 月平水期以及夏季丰水期水质改善显著。从空间分布来看，污染程度呈现沱江干流全线污染、支流明显比干流严重。从季节分布来看，进入春末夏初，流量小、藻类富营养化、农灌水回流等导致污染严重，支流频现Ⅴ类甚至劣Ⅴ类水重度污染，另还需注意夏季面源污染影响。

2016 年 1 月至 11 月，沱江流域断面达标率为 30.5%，首要污染物总磷平均浓度为 0.24 mg/L，其中典型支流釜溪河流域、球溪河流域总磷平均浓度分别为 0.32 mg/L 和 0.29 mg/L；次要污染物氨氮平均浓度为 0.95 mg/L，其中典型支流釜溪河流域、球溪河流域氨氮平均浓度分别为 0.69 mg/L 和 1.8 mg/L。

（2）岷江流域从 2016 年 1—11 月份的 7 个站点日均水质类别来看，该流域水质状况优于沱江流域，Ⅴ类及劣Ⅴ类污染天数显著减少，达标天数明显上升。从空间分布中下游污染、支流明显比干流严重。从季节分布来看，6—10 月份全流域水质状况以达标为主，Ⅴ类及劣Ⅴ类污染主要集中在冬季枯水期。

2016 年 1 月至 11 月，岷江流域断面达标率为 56.9%，首要污染物总磷平均浓度为 0.17 mg/L，其中典型支流体泉河流域总磷平均浓度为 0.28 mg/L；次要污染物氨氮平均浓度为 0.76 mg/L，其中典型支流体泉河流域氨氮平均浓度为 2.14 mg/L，如图 6-99 所示。

全省 2016 年从 1 月至 11 月均以总磷为主要污染物，占比变化范围为 43%~60%；其次是氨氮，占比变化范围为 21%~46%；最后是高锰酸盐指数和 DO，占比变化范围分别为 7%~13% 和 7%~10%。总磷从 1 月至 6 月占比平稳，从 68% 略微下降至 56%，随后 9 月至 11 月逐渐上升至 61%，同时段氨氮占比较稳定，在 7 月达到最大值 29%，其余时间段稳定在 19%~25%。另外高锰酸盐指数和 DO 在 6 个月内占比较稳定，无明显变化，如图 6-100 所示。

2. 滑动累积

全省八大流域水质状况描述：

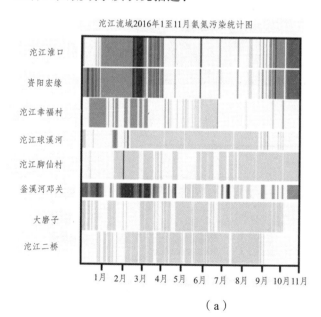

（a）

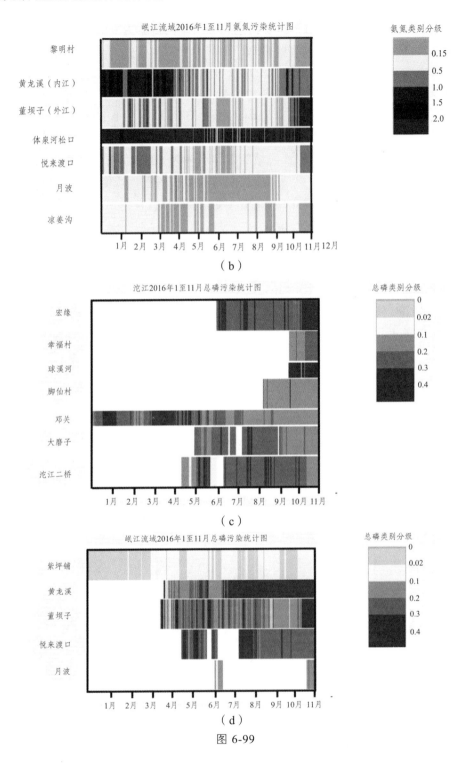

图 6-99

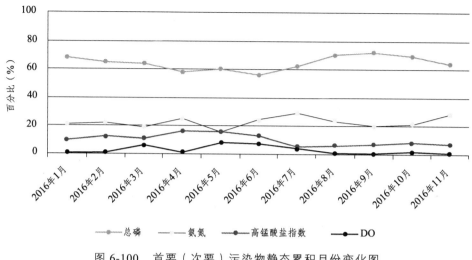

图 6-100　首要（次要）污染物静态累积月份变化图

2015 年 12 月至 2016 年 11 月全省八大流域水质总体达标率为 64.2%，其中 I 类水占 12.3%，II 类水占 10.2%，III 类水占 41.7%；总体超标率为 35.8%，其中 IV 类水为 12.8%，V 类水为 12.2%，劣 V 类水为 10.8%。2015 年 12 月至 2016 年 11 月全省总磷、氨氮、高锰酸盐指数及 DO 平均浓度分别为 0.16 mg/L、0.35 mg/L、5.1 mg/L、7.7 mg/L，水质超标率较多的流域依次为：岷江流域中段和下段、沱江流域中段。

重点流域水质状况描述：

（1）沱江流域从 2015 年 12 月至 2016 年 11 月的 8 个站点日均水质类别来看，该流域水质状况总体有所改善，劣 V 类断面污染天数明显减少，达标天数大幅上升，在 2016 年 1 月至 4 月平水期以及夏季丰水期水质改善显著。从空间分布来看，污染程度呈现沱江干流全线污染、支流明显比干流严重的特征。从季节分布来看，进入春末夏初，流量小、藻类富营养化、农灌水回流等导致污染严重，支流频现 V 类甚至劣 V 类水重度污染，另还需注意夏季面源污染影响。

2015 年 12 月至 2016 年 11 月，沱江流域断面达标率为 43.2%，首要污染物总磷平均浓度为 0.22 mg/L，其中典型支流釜溪河流域、球溪河流域总磷平均浓度分别为 0.38 mg/L 和 0.31 mg/L；次要污染物氨氮平均浓度为 1.2 mg/L，其中典型支流釜溪河流域、球溪河流域氨氮平均浓度分别为 0.46 mg/L 和 2.4 mg/L。

（2）岷江流域从 2015 年 12 月至 2016 年 11 月的 7 个站点日均水质类别来看，该流域水质状况优于沱江流域，V 类及劣 V 类污染天数显著减少，达标天数明显上升。从空间分布中下游污染、支流明显比干流严重。从季节分布来看，6—10月全流域水质状况以达标为主，V类及劣V类污染主要集中在冬季枯水期。

2015年12月至2016年11月，岷江流域断面达标率为61.2%，首要污染物总磷平均浓度为 0.14 mg/L，其中典型支流体泉河流域总磷平均浓度为0.35 mg/L；次要污染物氨氮平均浓度为0.76 mg/L，其中典型支流体泉河流域氨氮平均浓度为1.72 mg/L，如图6-101所示。

全省2015年12月至2016年11月均以总磷为主要污染物，占比变化范围为43%～60%；其次是氨氮，占比变化范围为21%～46%；最后是高锰酸盐指数和DO，占比变化范围分别为7%～13%和7%～10%。总磷从1月至6月占比平稳，从68%略微下降至56%，随后9月至11月逐渐上升至61%，同时段氨氮占比较稳定，在7月达到最大值29%，其余时间段稳定在19%～25%。另外高锰酸盐指数和DO在6个月内占比较稳定，无明显变化，如图6-102所示。

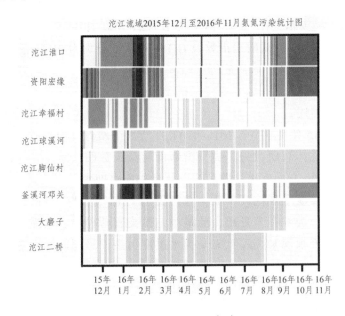
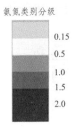

沱江流域2015年12月至2016年11月氨氮污染统计图

（a）

岷江流域2015年12月至2016年11月氨氮污染统计图

氨氮类别分级

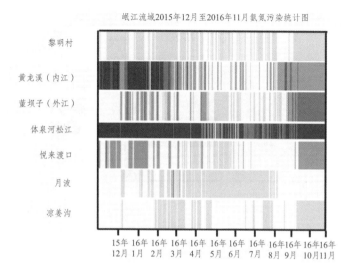

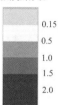

（b）

沱江2015年11月至2016年12月总磷污染统计图

总磷类别分级

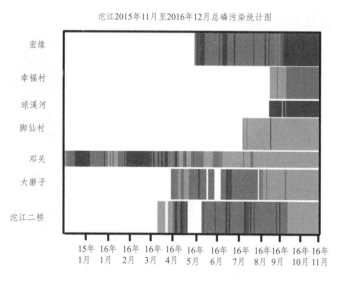

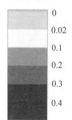

（c）

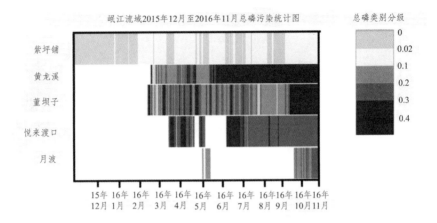

（d）

图 6-101

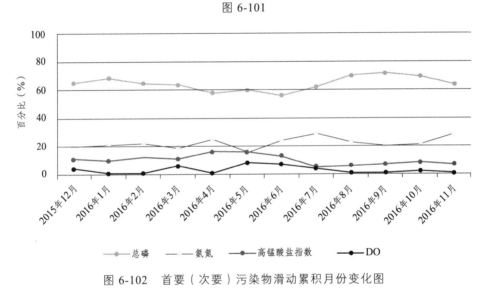

图 6-102 首要（次要）污染物滑动累积月份变化图

6.3.5 预警总结报告

根据川环发[2017]22 号《四川省环境保护厅质量"测管协同"快速响应管理办法》关于预警总结报告上报形式与内容的要求，需报告处理环境质量监测异常情况的措施、过程和结果，环境质量监测异常情况潜在或者间接危害以及损失、社会影响、处理后的遗留问题、责任追究等详细情况。

6.3.5.1 例行特殊时期预警总结报告

例：受沱江上游成都段综合治理工程清淤影响，关于金堂梓桐村水质自动监测站水质预警的总结报告见案例 5。

案例 5：

关于金堂梓桐村水质自动监测站
水质预警的总结报告

四川省环境保护厅：

梓桐村水站（德阳与金堂交界断面，省控断面）受沱江干流成都段综合治理工程右岸堤防施工影响，于 2017 年 2 月 16 日停运，3 月底恢复稳定运行。3 月 31 日，我站发现梓桐村总磷浓度出现异常，日均值为 0.484 mg/L，较停运前的日均值（0.226 mg/L）上升了 1.14 倍，水质劣 V 类。经金堂县环境监测站和运行公司采样比对，仪器正常，确定为水质异常超标。金堂县环境监测站报告了县环保局和省站，我站于当日向省厅报送了手机快报，建议通知德阳环保局组织排查，同时通知运行公司启动加密监测（2 h 一次）。经调查反馈，此次水质超标主要原因为沱江上游德阳市河道清淤造成，另一方面，受经济复苏影响，德阳磷矿开采及磷化工企业生产负荷大幅增加，导致从今年年初开始沱江上游的清平断面总磷已由往年的 Ⅰ～Ⅱ 类恶化为 Ⅲ～Ⅳ 类。

自此之后，我站密切关注梓桐村及下游宏缘水站总磷浓度变化，并每日报送预警日报，协调德阳和成都市的监测事宜。梓桐村总磷在 4 月 4 日达到峰值 1.025 mg/L，4 月 5 日后波动下降明显，水质类别基本维持在 V 类上下已有 20 余天，故此，上游河道清淤影响已基本消除（预警期间梓桐村水站总磷变化详见附件 1）。

从 4 月 27 日至今，梓桐村总磷日均浓度持续维持在 0.35 mg/L 左右，基本稳定在 Ⅳ 类，已呈现稳定化、常态化的特征，所受主要影响来自沱江上游的涉磷企业排放。鉴于其对整个沱江流域的影响的严重性（今年一季度沱江干流无一断面达标，主要污染物均为总磷），建议省厅通知德阳市进一步加强对涉磷企业的监管，必要情况下用质量目标倒逼排放总量管理。

附件：1. 梓桐村水质自动站总磷浓度变化过程分析报告
　　　2. 宏缘水质自动站总磷浓度变化过程分析报告

四川省环境监测总站
2017 年 5 月 4 日

附件 1
梓桐村水质自动站总磷浓度变化过程分析报告

· 255 ·

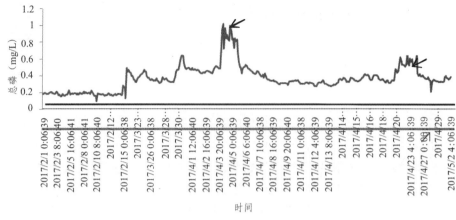

图 6-103　梓桐村水站总磷小时浓度变化

由图 6-103 可见，梓桐村总磷的最大值达 1.025 mg/L（出现在 4 月 4 日 4 时），超标 4.125 倍，超过地表水 V 类标准。此后总磷浓度呈波动下降趋势，4 月 8 日至 4 月 20 日，总磷日均值连续 13 天降至 V 类标准。4 月 21 日至 4 月 26 日又呈现上升趋势，出现高值 0.682 mg/L（4 月 22 日 16 时），水质劣 V 类。之后又维持在 IV 类。

附件 2

宏缘水质自动站总磷浓度变化过程分析报告

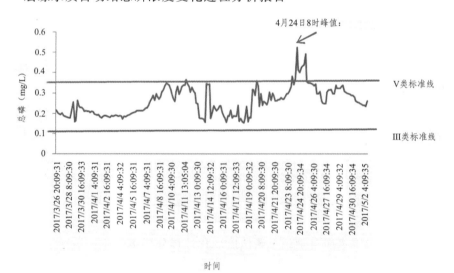

图 6-104　宏缘水站总磷小时浓度变化

梓桐村下游宏缘水站（成都金堂和简阳交界断面）总磷的小时浓度变化如图 6-104 所示，与梓桐村的总磷浓度突然升高后降低的变化过程不同，宏缘的总磷呈现波动上升的趋势明显，最大值出现在 4 月 24 日 8 时，总磷浓度为 0.526 mg/L，此后总磷浓度逐渐降低，目前总磷均值浓度降至Ⅳ类，略高于日常浓度水平。

6.3.5.2 数据异常预警总结报告

例：因企业偷排，12 月 5 日青白江清江水质自动站氨氮数据异常超标应急监测总结报告详见案例 6。

案例 6：

12.5 青白江清江水质自动站氨氮数据异常超标应急监测总结报告

四川省环境保护厅：

2016 年 12 月 5 日青白江清江水质自动站氨氮数据从当天 1 时至 16 时出现异常升高情况，最大超标倍数 8.1 倍。经我站组织金堂县监测站排检，水站运行正常，监察大队排查周边无异常污染源，初步研判上游德阳境内可能有超标排污状况。17 时，我站通知德阳市环境监测站对所涉及断面水质和上游污染源开展应急监测和调查工作。19 时 30 分，广汉市环境监测站在境内青白江 4 个干流、2 个支流汇合口断面实施了第一次应急监测。11 时，通过相关监测结果初步锁定原因为×××公司和△△△公司氨氮废水超标排放导致。次日，开展后继的持续性监测工作，至 7 日 9 时 30 分，第四次监测结果显示，各地表水监测断面及△△△公司外排废水氨氮浓度已持续稳定达标，德阳市监测站报应急领导小组解除了应急监测响应。

在本次快速成功应对"12.5 青白江清江水质自动站氨氮数据异常超标"的应急监测有三个方面成功的经验：一是水质自动监测站的连续监测抓获了水质异常超标，并对污染团迁移过程进行了实时监控。二是快速组织了青白江流域上、下游的德阳市、广汉市和金堂县环境监测站实施应急监测。三是监测布点科学、合理，地方监测监察熟悉掌握污染源分布，最终成功快速锁定排污企业。

特此报告。

附件 1：12.5 青白江清江水质自动站氨氮浓度变化过程分析报告

附件 2：金堂县环境监测站水质自动站监测快报

附件 3：广汉市环境监测站 2016 年 12 月 5 日青白江清江水质自动站氨氮数据异常超标的应急响应工作方案

附件 4：广汉市环境监测站应急监测快报（共 5 期）

四川省环境监测总站

2016 年 12 月 10 日

附件1：

12.5 青白江清江水质自动站氨氮浓度变化过程分析报告

12月1日至12月4日，青白江清江水质自动站氨氮浓度平稳维持在均值0.484 mg/L，作为枯水期青白江出境断面本底浓度参考值。12月5日1时起，氨氮浓度随时间异常升高，于当日13时达到峰值9.08 mg/L，超标8.08倍，该污染团迁移过程于12月6日4时结束，持续28个小时，均值3.95 mg/L。12月6日至12月7日，氨氮浓度逐渐稳定降低至本底浓度左右，均值0.624 mg/L，如图6-105所示。

四川省环境监测总站

2016年12月8日

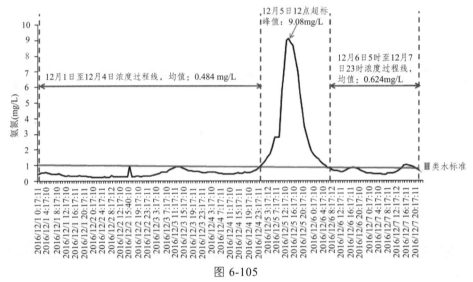

图 6-105

附件2：

金堂环境监测站水质自动站监测快报

一、情况说明

2016年12月5日1时至16时，青白江清江水质自动站监测指标氨氮持续升高。出现异常超标现象。截止到2016年12月5日16时，最高值超过《地表水环境质量标准》（GB 3838—2002）Ⅲ类水域标准的8.08倍。

二、应对措施

1. 我站人员及时对仪器进行检查，并做了质控样和人工采样比对监测。经核实，仪器设备运行正常。

2. 下午14时，我站人员再次对青白江清江水站采样进行实验室分析。

3. 及时将相关情况上报金堂县环境保护局，金堂县环境保护局责令金堂县环境监察执法大队现场排查，经排查，未发现青白江清江水质自动站附近有污染源。

三、原因分析

可能受上游河道水质影响。

四、下一步工作措施及建议

我站将加强对仪器设备的维护，根据自动监测数据及时做出响应，必要时加密监测，确保监测结果的准确性，为领导决策提供依据。建议上游地市管理部门对污染源进行排查，以确保水质安全。

附：2016 年 12 月 5 日青白江清江水质自动监测站氨氮质控及实验室比对数据表（见表6-9）

表6-9　2016 年 12 月 5 日青白江清江水质自动监测站氨氮质控及实验室比对数据表

时间	仪器值（mg/L）	实验室值/质控值（mg/L）	偏差（%）	是否合格	备注
2016.12.5 11:17	1.02	1.0	2	合格	质控样比对
2016.12.5 14:20	10.04	10	4	合格	质控样比对
2016.12.5 11:30	8.97	8.18	9.7	合格	实验室手工比对
2016.12.5 14:30	8.78	8.33	5.4	合格	实验室手工比对
2016.12.5 15:20	8.67	8.35	3.8	合格	实验室手工比对

附件3：

广汉市环境监测站

2016 年 12 月 5 日青白江清江水质自动站氨氮数据异常超标的

应急响应工作方案

2016 年 12 月 5 日 18：18，接四川省监测总站短信通知，今日 1 时至 16 时青白江清江水质自动站氨氮浓度持续升高，出现异常超标现象，最大值超标 8.1 倍；我站自接通知时起，立即启动应急预案，现将应急响应工作安排如下：

1. 立即对青白江全流域实施地表水应急监测工作，对广汉市境内青白江干流金鸡桥、万福大桥、三水大桥、清城桥以及青白江二级支流蒋家河汇入点蒋Ⅲ、二级支流濛阳河汇入点广福桥断面实施加密监测，监测因子为氨氮，监测频次为每 2 小时一次；以区域监测的方式迅速摸清流域河道水质现状（监测点位示意图见图 6-106）。

2. 一旦确认氨氮污染事故确系发生在我市境内，立即根据地表水加密监测划分出的重污染区域对区域内所有涉氨企业进行加密排查，一旦查实，立即上报广汉市环境保护局依法处置。

3. 做好此次应急加密监测的实验室分析质量控制工作，具体要求为：分析人员必须严格按照《水质 氨氮的测定 纳氏试剂分光光度法》（HJ 535—

2009）规定完成样品分析，分析过程中必须做好平行空白、平行样品和站内自控盲样的分析，确保结果的准确性。

4. 完成样品分析工作后，安排工作人员对数据进行收集统计，根据应急监测结果及时编制应急快报，供应急工作领导小组参考决策。

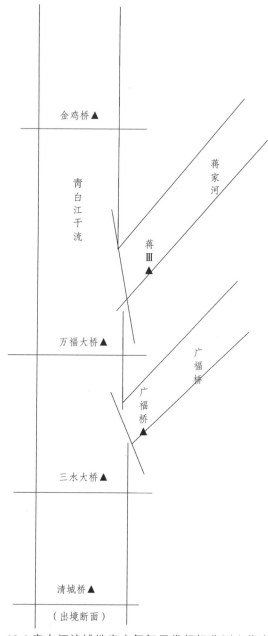

图 6-106　12.5 青白江流域地表水氨氮异常超标监测点位布点示意图

5. 根据氨氮浓度变化情况增加或减少监测频次和监测断面。

广汉市环境监测站

2016 年 12 月 5 日

附件 4：

广汉市环境监测站

应急监测快报

第 1 期

广汉市环境监测站　　　　　　　　　　二〇一六年十二月五日

广汉市环境监测站根据青白江清江水质自动站氨氮数据异常超标的应急响应工作方案（以下简称"方案"），于 2016 年 12 月 5 日 18:18 分起，对青白江流域出现的氨氮浓度异常情况开展应急监测。根据《方案》内容，确定监测点位为青白江干流金鸡桥、万福大桥、三水大桥、清城桥以及青白江二级支流蒋家河汇入点蒋Ⅲ、二级支流濛阳河汇入点广福桥断面，同时对***上游断面处进行了应急监测。

一、监测项目：氨氮

二、监测结论

监测结果表明：所有监测断面氨氮浓度均超过《地表水环境质量标准》GB3838—2002 中Ⅲ类标准，出现明显异常的监测断面为***上游至蒋家河汇入青白江干流蒋Ⅲ断面之间。监测结果详见下表 6-10。

表 6-10　监测结果表

监测断面	监测时间	监测项目及结果（pH 值无量纲，其余单位为 mg/L）氨氮（NH₃-N）	是否达标
金鸡桥	12 月 5 日约 19:30	1.04	否
万福大桥	12 月 5 日约 19:30	1.11	否
广福桥	12 月 5 日约 19:30	1.59	否
三水桥	12 月 5 日约 19:30	1.49	否
清城桥	12 月 5 日约 19:30	4.41	否
蒋Ⅲ	12 月 5 日约 19:30	14.2	否
***上游	12 月 5 日约 19:30	3.34	否
《地表水环境质量标准》GB 3838—2002 中Ⅲ类标准值		1.0	—

广汉市环境监测站

应急监测快报

第 2 期

广汉市环境监测站　　　　　　　　　　二〇一六年十二月六日

我站根据 19:30 分划定的地表水监测点位应急监测结果,确定污染分布范围为蒋家河流域。为进一步查清氨氮污染物来源,应急领导小组要求我站于 22:30 起对青白江干流金鸡桥、万福大桥、三水大桥、清江镇水电站、清城桥和支流中***排口上游、蒋Ⅲ及支流濛阳河万福桥断面进行监测;期间还针对×××外排口、×××雨水收集池、×××外排口下游 20 m、△△△废水总排口、○○○外排口、○○○循环池、○○○碳酸钠库房旁排口、○○○雨水沉淀池、☆☆☆原水、☆☆☆二次沉淀池、＃＃＃总排口等处进行了应急监测。

一、监测项目:氨氮

二、监测结论

监测结果表明:此次青白江氨氮浓度异常超标原因初步锁定是因×××和△△△公司废水氨氮超标排放导致。综合第二次地表水监测结果,青白江清城桥断面氨氮浓度降低为第一次监测结果的一半,地表水水质改善情况明显;因此,按照应急响应工作方案,将地表水监测频次更改为每 8 小时一次。

监测结果详见下表 6-11。

表 6-11　监测结果表

监测断面	监测时间	监测项目及结果,单位为 mg/L 氨氮（NH_3-N）	是否达标
金鸡桥	12 月 5 日约 22:30	1.20	否
万福大桥	12 月 5 日约 22:30	1.72	否
广福桥	12 月 5 日约 22:30	1.64	否
三水大桥	12 月 5 日约 22:30	1.82	否
清江镇水电站	12 月 5 日约 22:30	1.60	否
清城桥	12 月 5 日约 22:30	2.46	否
蒋Ⅲ	12 月 5 日约 22:30	8.77	否
×××排口上游	12 月 5 日约 22:30	1.96	否
×××雨水收集池	12 月 5 日约 8:30	421	无判定依据

续表

监测断面	监测时间	监测项目及结果，单位为 mg/L 氨氮（NH$_3$-N）	是否达标
×××外排口下游 20 m	12 月 5 日约 8:30	1.01	否
×××外排口	12 月 5 日约 8:30	286	否 执行《污水综合排放标准》（GB 8978-1996）一级标准
△△△废水总排口	12 月 5 日约 8:30	143	否 执行《合成氨工业水污染物排放标准》（GB13458-2013 表 2 直接排放标准）
○○○外排口	12 月 5 日约 8:30	3.87	无判定依据
○○○循环池	12 月 5 日约 8:30	176	无判定依据
○○○碳酸钠库房旁排口	12 月 5 日约 8:30	7.47	无判定依据
○○○雨水沉淀池	12 月 5 日约 8:30	1.10	无判定依据
☆☆☆原水	12 月 5 日约 8:30	375	无判定依据
☆☆☆二次沉淀池	12 月 5 日约 8:30	22.1	无判定依据
＃＃＃总排口	12 月 5 日约 8:30	3.17	是 执行《城镇污水处理厂污染物排放标准》（GB18918-2002）一级 A 类标准
各地表水监测断面执行《地表水环境质量标准》GB3838—2002 中Ⅲ类标准值；其余标准附后	地表水限值:1.0		—

广汉市环境监测站
应急监测快报
第 3 期

广汉市环境监测站　　　　　　　　二〇一六年十二月六日

---

12 月 6 日 9:00 左右，根据我局应急处置队每 8 小时进行一次地表水应急

监测的要求，我站对青白江干流金鸡桥、万福大桥、三水大桥、清城桥和支流蒋家河蒋Ⅲ、濛阳河广福桥断面进行了监测；同时对△△△公司总排口进行了监测。

一、监测项目：氨氮

二、监测结论

监测结果表明：青白江干流及支流蒋家河、濛阳河所有地表水监测断面水质氨氮浓度已回复至正常水平；△△△公司总排口废水氨氮浓度已降至《合成氨工业水污染物排放标准》（GB 13458—2013 表 2 直接排放标准）标准限值（25 mg/L）以下。鉴于目前水质状况已基本恢复正常，建议解除应急响应。

监测结果详见下表 6-12。

表 6-12　监测结果表

监测断面	监测时间	监测项目及结果，单位为 mg/L 氨氮（NH₃-N）	是否达标
金鸡桥	12 月 6 日约 9:00	1.15	否
万福大桥	12 月 6 日约 9:00	1.22	否
广福桥	12 月 6 日约 9:00	2.13	否
三水桥	12 月 6 日约 9:00	1.57	否
清城桥	12 月 6 日约 9:00	1.35	否
蒋Ⅲ	12 月 6 日约 9:00	4.01	否
△△△废水总排口	12 月 6 日约 9:00	19.8	是 执行《合成氨工业水污染物排放标准》（GB 13458—2013 表 2 直接排放标准）
各地表水监测断面执行《地表水环境质量标准》GB 3838—2002 中Ⅲ类标准值；其余标准附后。		地表水限值:1.0	——

广汉市环境监测站
应急监测快报
第 4 期

广汉市环境监测站　　　　　　　二〇一六年十二月六日

12 月 6 日 12:00 及 16:20 左右，根据我局应急处置队每 8 小时进行一次地表水应急监测的要求，我站对青白江干流金鸡桥、万福大桥、三水大桥、清城桥和支流蒋家河蒋Ⅲ、濛阳河广福桥断面进行了今日的第二次监测；同时对△△△公司总排口、＃＃＃进出水、×××排口与农灌沟汇合处上下游进行了第二次监测。

一、监测项目：氨氮

二、监测结论

监测结果表明：青白江干流及支流蒋家河、濛阳河所有地表水监测断面水质氨氮浓度已恢复至正常水平；△△△公司总排口废水氨氮浓度已降至《合成氨工业水污染物排放标准》（GB 13458—2013 表 2 直接排放标准）标准限值（25 mg/L）以下；＃＃＃总排口废水持续达标。目前青白江流域干流及支流地表水水质状况已基本恢复正常。我站将根据应急监测方案实时调整监测频次，预计 12 月 7 日 9：00 再进行一次地表水应急监测；建议若明日监测水质持续维持正常状态，解除应急响应。

监测结果详见下表 6-13。

表 6-13　监测结果表

监测断面	监测时间	监测项目及结果，单位为 mg/L 氨氮（NH_3-N）	是否达标
＃＃＃进水	12 月 6 日约 11:30	24.0	无判定依据
＃＃＃出水	12 月 6 日约 11:30	1.12	是 执行《城镇污水处理厂污染物排放标准》（GB 18918—2002）表 1 一级标准 A 类
×××排口与农灌沟汇合前 5 m	12 月 6 日约 12:45	4.36	否 参照执行《地表水环境质量标准》GB 3838—2002 中Ⅲ类标准值
×××排口与农灌沟汇合下游 5 m	12 月 6 日约 12:45	3.90	否 参照执行《地表水环境质量标准》GB 3838—2002 中Ⅲ类标准值
金鸡桥	12 月 6 日约 16:20	2.16	否
万福大桥	12 月 6 日约 16:20	1.31	否
广福桥	12 月 6 日约 16:20	2.08	否
三水桥	12 月 6 日约 16:20	1.23	否
清城桥	12 月 6 日约 16:20	1.66	否

续表

监测断面	监测时间	监测项目及结果,单位为 mg/L 氨氮(NH₃-N)	是否达标
蒋Ⅲ	12月6日约16:20	4.30	否
△△△废水 总排口	12月6日约16:20	17.7	是 执行《合成氨工业水污染物排放标准》(GB 13458—2013 表 2 直接排放标准)
各地表水监测断面执行《地表水环境质量标准》GB3838—2002 中Ⅲ类标准值;其余标准附后	地表水限值:1.0		—

广汉市环境监测站

应急监测快报

第 5 期

广汉市环境监测站　　　　　　　　　　　二〇一六年十二月七日

12月7日9:30左右,按照我局应急处置队昨日调整应急监测方案监测频次的要求,我站对青白江干流金鸡桥、万福大桥、三水大桥、清城桥和支流蒋家河蒋Ⅲ、濛阳河广福桥断面进行了监测;同时对△△△公司总排口监测。

一、监测项目:氨氮

二、监测结论

监测结果表明:青白江干流及支流蒋家河、濛阳河所有地表水监测断面水质氨氮浓度已持续恢复至正常水平,清城桥氨氮浓度已降低至1.06 mg/L;△△△公司总排口废水氨氮浓度持续保持在《合成氨工业水污染物排放标准》(GB 13458—2013 表 2 直接排放标准)标准限值(25 mg/L)以下;地表水及△△△公司氨氮浓度已持续呈现稳定状态,建议解除应急响应。

监测结果详见下表6-14。

表 6-14　监测结果表

监测断面	监测时间	监测项目及结果,单位为 mg/L 氨氮(NH₃-N)	是否达标
金鸡桥	12月7日约9:30	1.08	否

监测断面	监测时间	监测项目及结果，单位为 mg/L 氨氮（NH$_3$-N）	是否达标
万福大桥	12 月 7 日约 9:30	1.09	否
广福桥	12 月 7 日约 9:30	2.00	是
三水桥	12 月 7 日约 9:30	1.46	否
清城桥	12 月 7 日约 9:30	1.06	否
蒋Ⅲ	12 月 7 日约 9:30	4.68	否
△△△废水总排口	12 月 7 日约 9:30	11.3	是，执行《合成氨工业水污染物排放标准》（GB13458—2013 表 2 直接排放标准）
各地表水监测断面执行《地表水环境质量标准》GB 3838—2002 中Ⅲ类标准值；其余标准附后		地表水限值：1.0	—

6.3.5.3 应急监测事故总结报告

例：甘肃锑污染事故广元段水质安全保障总结报告详见案例 7。

案例 7：

甘肃锑污染事故广元段水质安全保障总结报告

2015 年 11 月 24 日上午 9 时，甘肃省×××公司崖湾山青尾矿库二号溢流井隔板破损出现漏砂，约 3000 立方米尾砂溢出，对西汉水造成水体锑污染。西汉水是嘉陵江一级支流，此次泄漏造成西汉水和嘉陵江 300 多千米河段锑超标，西汉水污染源头峰值浓度超出《地表水环境质量标准》（GB 3838—2002）Ⅲ类水标准限值 120 多倍，污染水体于 12 月 5 日进入四川省广元市境内，污染区域跨甘肃、陕西、四川 3 省，环保部认定该事件为重大突发环境事件。

一、现场调配及布点过程

自 12 月 5 日至 12 月 30 日，根据上游甘肃省和陕西省污染团迁移趋势，应急监测车依次设置在四川境内大滩镇（入川断面）、沙河镇断面（控制断面）、广元西湾水厂进水口（水源地保护）和上石盘水电站（汇白龙江前断面）。以 1 小时/次的监测频次，对监测污染源头水质状况、污染团的跟踪、污染处置效果及广元市饮用水源地水质安全保障提供有效监测数据，如图 6-107 所示。

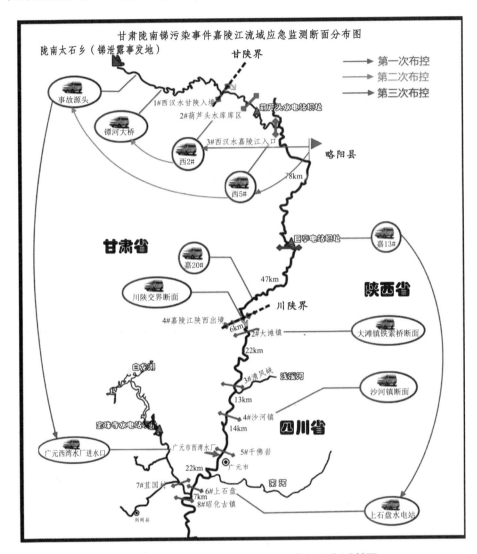

图 6-107　甘肃锑污染跨流域跨区域主要监测断面

　　嘉陵江是广元市城区的主要饮用水源地。广元市西湾水厂属灾后重建供水项目，2011 年 5 月建成投运，设计供水能力 10 万吨/天，目前实际供水量 6 万吨/天，该水厂为市城区主供水站。12 月 6 日起，多辆应急监测车陆续调集到西湾水厂取水口、上游 3 个监测断面、下游 1 个监测断面进行实时监测，主要监控污染物对主城区饮用水源的影响，指导水厂供水处理工艺的调整；在西湾水厂取水口，2 台应急监测车加密对西湾水厂进水口水质监测，每半小时出具一组水质监测数据，掌握进水水质情况。

二、广元水源地水质安全保障

1. 捕获污染团入川时间及移动趋势

12月3日开始在四川境内的川陕交界、大滩镇、沙河镇三个关键断面进行监测；12月5日，川陕交界锑开始持续升高，在12月6日中午川陕交界断面锑浓度达到峰值，预测当日夜间污染团到达大滩镇断面，监测结果与预测结果基本一致，如图6-108所示。

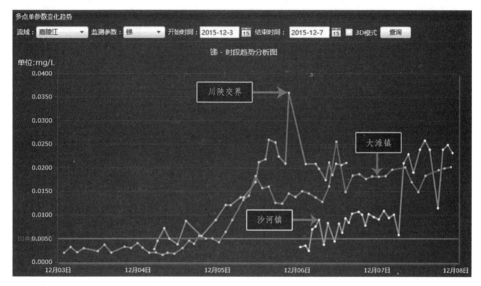

图 6-108　四川监测断面锑变化趋势

2. 捕获污染团及峰值

污染沿线（西汉水、嘉陵江）各监控点位数据分析，12月5日晚污染团峰值经过川陕交界断面，超标7.1倍，如图6-109所示。

3. 广元水源地水质安全保障

自12月7日至12月24日，通过应急监测车的连续监测，在广元西湾水厂取水口取得锑、铁、重金属等参数的监测数据500多组，为广元水厂供水处置提供可靠参考依据，如图6-110所示。

三、技术保障与监测数据质量控制

1. 技术支持

此次污染及事件应用的 LFS-2002（Sb）锑水质分析仪采用国家标准分析方法 5-Br-PADAP 分光光度法，该检测方法存在检出限较高和易受浊度干扰等问题，在仪器开发过程中针对上述问题做了如下改进，使仪器检出限≤0.001 mg/L，能满足样品浊度在 200NTU 以下的样品监测需要。

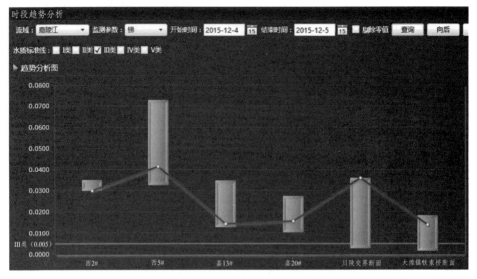

图 6-109　上下游沿线锑变化趋势及污染团位置

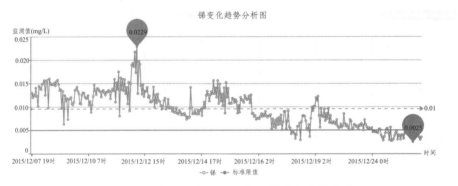

图 6-110　广元西湾水厂取水口锑浓度变化趋势

2. 数据质量控制

（1）总体情况。

本次应急布点共 11 个，除西汉水葫芦头水库库区的 C2#点位只测了两条数据，没有做质量控制措施外，其他 10 个点位都根据当时的条件都分别进行不同的质量控制，如标样核查、实际水样比对、加标回收测试等，具体见表 6-15、6-16。

表 6-15　技术保障措施

技术难点	问题描述	克服办法
方法检出限高	采用 5-Br-PADAP 分光光度法测锑，其方法检出限为 0.005 mg/L，等同于地表水 Ⅲ 类标准限值	显色反应后，在溶液中加入萃取剂对显色产物进行萃取富集，以提升低浓度的检测精度，降低检出限（发明专利号：ZL201210508647.6）

技术难点	问题描述	克服办法
易受浊度干扰	此次发生污染事件的西汉水,是长江支流中含沙量最大的河流,加上投药处置会使水体浊度进一步加大,而高浊度会对锑的测试(分光光度法)造成严重干扰	优化测试流程,加入水样自动前处理步骤,采用萃取剂先萃取分离水体中的细小颗粒物,以达到抗浊度干扰的目的(发明专利申请号:201510081262.0)

表 6-16　各点位质量控制措施及结果

序号	点位名称	监测天数	质量控制措施	技术统计
1	大滩镇	12 天	标样核查	Sb 12 天 19 组,偏差: -8.64%~11.53% Fe 4 天 7 组,偏差: -4.81%~8.52%
2	沙河镇	11 天	标样核查	Sb 5 天 5 组,偏差: -4.0%~11.6%
			加标回收	Sb 6 天 7 组,回收率: 97.0%~132.0%
3	西湾水厂	15 天	标样核查	Sb 14 天 14 组,偏差: -10.15%~11.60%
			加标回收	Sb 1 天 1 组,回收率: 99.3%
			手工比对	Sb 4 天 14 组,偏差: (-0.98~0.7)μg/L
4	上石盘	4 天	标样核查	Sb 4 天 4 组,偏差: -4.00%~7.08% Fe 4 天 4 组,偏差: -7.13%~-4.94%

(2)锑水质分析仪标样核查情况。

从大滩镇到最后应急监测点上石盘点位,全线共进行 71 组标样核查,误差率全部在±15%以内,62 组占总数的 87.3%,误差率在±10%以内,具体分布如图 6-111 所示。

(3)锑水质分析仪加标回收测试情况。

全线有两个点位,共进行 8 组加标回收测试考核,其中有 7 组占总数的87.5%的加标回收率在 80%~120%范围以内,6 组占总数的 75%在 90%~110%范围以内,具体见图 6-112。

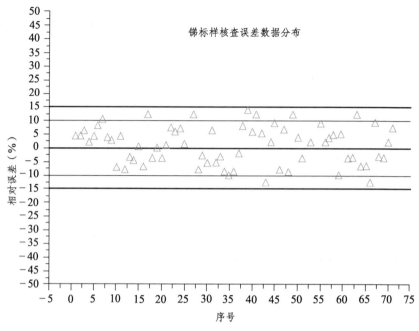

图 6-111　锑标样核查误差率分布

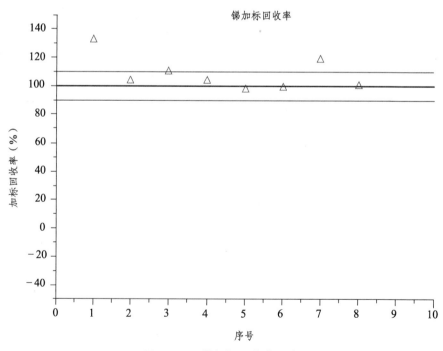

图 6-112　锑加标回收率分布

四、应急体系建设思考

（1）流域性水质污染事件，需充分发挥水质自动监测站的作用。

针对污染因子不可预见性，一方面，水站建设考虑配置上游特征污染物监测设备；另一方面，考虑应急监测仪器设备采用模块化设计，可根据实际需求更换仪器所需试剂，切换监测程序可快速有效实现仪器监测参数的扩展。

（2）移动式自动监测车可作为水质自动站的补充，迅速构建应急监测网络。

移动式水质自动监测车具有良好的机动性能，一旦出现突发污染事故，可以立即赶赴现场，对水体实时进行连续的跟踪监测，形成应急监测网络，随时掌握上下游污染事故的污染程度、范围及变化趋势。

应急响应启动，处理的往往是公共性的水质事件，需要在较长一段时间内出具监测结果，而且不允许出错，以便对事态做出正确的判断和处理。自动化监测设备的出具结果的及时性大于实验室分析结果，通过标样核查、加标回收率测试等手段作为准确性依据，完全有能力应对应急周期时间长、数据出具及时的要求。

（3）监测数据汇总与分析工作量大，完善数据分析应用系统化。

应急统计工作涉及统计数据的搜集、处理、分析、评价、共享与发布等内容，面对公众迫切的关注、媒体第一时间的采访，应急监测人员承受的压力是超乎寻常的。构建专业系统化数据分析与预测平台，包括自动监测数据、实验室手工分析数据、质控数据、比对数据，汇总分析污染团峰值、预测位置、上下游联动趋势等决策做可靠的科学支撑。

7 数据记录

szzd-01 水质自动监测系统数据审核异常记录表

水站名称：_____ 流域：_____ 市州站：_____

日期	远程网络检查情况	数据完整性判定	数据有效性判定（异常数据及时段）	异常数据审核情况	备注（异常情况及处理）	审核人员

备注：市州站审核数据，发现异常时填写该表。

szzd-02 水质自动监测系统仪器校准及标液核查记录表（每周）

水站名称：_____ 流域：_____ 运维公司：_____

项目	单位	标液核查结果					仪器校准结果			是否合格
		核查值	仪器测定值	绝对误差	相对误差	是否合格	校准值	校准前测定值	校准后测定值	
pH										
电导率										
高锰酸盐指数（酸性法）										
高锰酸盐指数（UV法）										
氨氮										
总磷										
总氮										
生物毒性（发光菌）										
生物毒性（新月藻）										
重金属（铅）										
重金属（镉）										
重金属（锌）										
重金属（铜）										
重金属（砷）										
重金属（硒）										
重金属（汞）										
备注										

校准/核查人员：_____　　　年　　月　　日

szzd-03 水质自动监测系统运行管理工作记录表

水站名称		流域	
运维公司		运维人员	
开始时间		结束时间	

检查维护内容:

1. 采水系统

序号	维护对象	检查维护情况
1	采水设备	
2	自吸泵/潜水泵	
3	电动球阀和电磁阀	
4	管路	
5	管路和阀门	

2. 配水与进水系统

序号	维护对象	检查维护情况
1	管路	
2	气泵和清水增压泵	
3	球阀和电磁阀	
4	各水泵	
5	蓄水和过滤装置,包括沉淀池、过滤器、水杯和进样管等	
6	配水管路	
7	各球阀	

3. 系统控制单元

序号	维护对象	检查维护情况
1	供电设备	
2	数据库	
3	继电器和传感器	
4	控制单元	

4. 辅助系统

序号	维护对象	检查维护情况
1	空气压缩机	
2	温湿度传感器	
3	除藻装置	
4	稳压电源	
5	UPS	
6	防雷设施	

5. 分析仪器

序号	维护对象	检查维护情况
1	氨氮分析仪	
2	高锰酸盐指数分析仪	
3	总磷分析仪	
4	总氮分析仪	
5	重金属分析仪	
6	生物毒性（发光菌）分析仪	
7	生物毒性（新月藻）分析仪	
8	水温	
9	pH	
10	溶解氧	
11	浊度	
12	电导率	
13	流速流量仪	
备注：对分析仪器各项目的质量考核，须在完成情况中说明考核数据结果。		

发现的问题及处理措施：

szzd-04 水质自动监测系统试剂更换记录表（每两周）

水站名称：_____ 流域：_____ 运维公司：_____

序号	项目	试剂名称	试剂有效性检查	配制人员	配制日期	更换人员	更换日期

szzd-05 水质自动监测系统异常、故障情况报告

水站名称	
异常、故障时间	年　月　日　—　年　月　日
性质	□ 安装调试　　□ 质控测试　　□ 质保期内维护 □ 合同维护　　□ 其他＿＿＿＿＿＿＿＿＿＿＿＿＿

异常、故障情况描述：

异常、故障起因：

□ 使用/维护不当　　□ 外界环境原因　　□ 仪器故障　　□ 系统故障

□ 其他＿＿＿＿＿＿＿＿＿＿＿＿＿＿＿＿＿＿＿＿＿＿＿＿＿＿＿＿＿＿

维护、维修时间和工作内容：

备件、耗材更换情况：

维护、维修结果：

szzd-06 水质自动监测系统比对实验结果统计表（每月）

水站名称：＿＿＿＿＿＿＿＿＿　流域：＿＿＿＿＿＿＿＿＿　市州站：＿＿＿＿＿＿

比对日期	比对项目	仪器测定值	实验室测定值	测定误差	是否合格	分析人员

　　备注：凡涉及实际水样比对实验（包括性能审核中的相关比对实验），均采用该表。

szzd-07　水质自动监测系统月考核记录表（每月）

水站名称：＿＿＿＿＿＿　流域：＿＿＿＿＿＿　日期：＿＿＿＿＿＿　市州站：＿＿＿＿＿＿

考核人员：＿＿＿＿＿＿

项目	单位	考核结果							
		有证标准物质考核结果			自配质控样品考核结果				
		真值	仪器测定值	是否合格	真值	仪器测定值	绝对误差	相对误差	是否合格
pH									
电导率									
高锰酸盐指数（酸性法）									
高锰酸盐指数（UV法）									
氨氮									
总磷									
总氮									
生物毒性（发光菌）									
生物毒性（新月藻）									
重金属（铅）									
重金属（镉）									
重金属（锌）									
重金属（铜）									
重金属（砷）									
重金属（硒）									
重金属（汞）									
高氯酸根									
备注	高锰酸盐指数（UV法）进行实际水样测试，与实验室分析测试结果进行误差计算。								

szzd-08　水质自动监测系统运维监管记录（每月）

水站名称：_____　市州站：_____

巡检人员：_____　巡检时间：_____

检查情况			
检查项目		检查情况记录	不符合或不合理项
水站现场检查	站房清洁卫生		
	工作环境，防火、防雷情况		
	现场表格记录		
运维工作情况	维修响应		
	质控措施完成情况		
	试剂更换情况		
仪器故障及处理情况（根据各站配备仪器填写）	五参数		
	氨氮		
	高锰酸盐指数		
	总磷		
	生物毒性		
	其他		
结论			

szzd-09　水质监测快报

水站名称：＿＿＿＿＿＿＿＿　流域：＿＿＿＿＿＿＿＿　市州站：＿＿＿＿＿＿

技术人员：＿＿＿＿＿＿＿＿＿＿＿＿＿　日　期：＿＿＿＿＿＿＿＿＿＿＿

监测项目	单位	仪器设备情况		实验室分析情况			
		仪器状况	仪器值	质控样测定结果		水样比对测定结果（需要时）	
				测定值	推荐值	测定值	超标情况及水质类别

情况说明：

处理意见：

　　备注：当出现水质异常时，需要确认仪器设备是否正常的情况下，填写该表。

szzd-10　水质自动监测系统分析仪精密度和准确度测定记录表

水站名称：＿＿＿＿＿＿＿＿　流域名称：＿＿＿＿＿＿＿＿　测试单位：＿＿＿＿＿＿＿

测试人员：＿＿＿＿＿＿＿＿＿＿＿＿　　　　日期：＿＿＿＿＿＿＿＿＿＿＿

仪器名称及型号		生产商	
安装日期		验收日期	
测定次数	标准溶液推荐 （配制）浓度（　）	测定值（　）	相对误差（％）
1			
2			
3			
4			
5			
6			
7			
8			
平均值（　）		相对误差（％）		□合格　□不合格
相对标准偏差（％）			□合格　□不合格
标准溶液名称			
标准溶液批号			

　　备注：此表格在作为生物毒性标准物质测定结果记录和溶解氧精密度测定结果记录时，可不计算相对误差。

szzd-11　水质自动监测系统分析仪线性检查记录表

水站名称：_____流域名称：_____测试单位：_____

测试人员：_____日期：_____

仪器名称及型号		生产商	
安装日期		验收日期	
测定顺序	测定日期	标准溶液配制浓度（　　）	测定值（　　）
1			
2			
3			
4			
5			
6			
相关系数	$\gamma=$	□合格　　□不合格	
回归方程	斜率 $a=$		截距 $b=$
标准溶液名称			
标准溶液批号			
标准溶液有效期			

szzd-12 水质自动监测系统分析仪检出限测定记录表

水站名称：_____　流域名称：_____　测试单位：_____

测试人员：_____　日　期：_____

仪器名称及型号		生产商		
安装日期		验收日期		
测定次数	空白或低浓度标准溶液( )	测定浓度 ( )	平均值 ( )	标准偏差 S_b ( )
1				
2				
3				
4				
5				
6				
7				
8				
检出限（mg/L）			□合格　　□不合格	
标准溶液名称				
标准溶液批号				
标准溶液有效期				

szzd-13 水质自动监测系统分析仪量程漂移测定记录表

水站名称：_____ 流域名称：_____ 测试单位：_____

测试人员：_____ 日　期：_____

仪器名称及型号		生产商	
安装日期		验收日期	
前测定次数	标准值	测定值（　）	前测定平均值
1	量程校正液		
2			
3			
后测定次数	标准值	测定值（　）	后测定平均值
1	量程校正液		
2			
3			
零点漂移			
量程漂移		□合格　□不合格	

szzd-14 水质自动监测系统仪器设备到货验收单

项目名称		合同编号	
水站名称		流域	
集成商		市州站	
到货时间		接收时间	

到货设备清单				
序号	仪器设备名称	型号	数量	序列号

集成商代表签名（公章）： 年　月　日	市州站代表签名（公章）： 年　月　日

备注：此表后附设备详细装箱清单。

szzd-15 水质自动监测系统设备管理表

水站名称			所属流域	
市州站			联系人	
电话			传真	
联系地址				
所属项目名称				
经费来源				
总投资				
合同号				
验收日期				
设备名称	规格型号	安装时间	数量（台/套）	费用（万元）
报废时间				
报废设备				
报废理由及说明				
分管领导意见：				

参考文献

[1] 翟崇治. 地表水水质自动监测系统[M]. 重庆：西南师范大学出版社，2006 年.

[2] 李军，陈程. 总氮总磷在线自动监测仪的现状与问题[J]. 中国环境监测，2013（2）：156-158.

[3] 李军，王普力. 高锰酸盐指数在线自动监测仪的现状与问题[J]. 环境污染与防治，2009，31（8）：88-89.

[4] 中国环境监测总站. 中国环境监测方略[M]. 北京：中国环境科学出版社，2005.

[5] 嵇晓燕，刘廷良，孙宗光，等. 国家水环境质量监测网络发展历程与展望[J]. 环境监测管理与技术，2014，26（6）：1-8.

[6] 刘京，周密，陈鑫，等. 国家地表水水质自动监测网建设与运行管理的探索与思考[J]. 环境监控与预警，2014，6（2）：10-13.

[7] 邵卫伟，王国胜，张晓海，等. 浙江省水质自动监测管理系统构建[J]. 环境监控与预警，2015，7（3）.

[8] 国延恒，王龚博，刘继明，等. 长江南京段水质自动监测点位优化[J]. 环境监测管理与技术，2013，25（4）：54-57.

[9] 刘伟，黄伟，余家燕，等. 中国水质自动监测评述[J]. 环境科学与管理，2015，40（5）：131-133.

[10] 石田耕三名誉主编，李虎主编. 环境自动连续监测技术[M]. 北京：化学工业出版社，2008.

[11] 刘伟. 地表水水质自动监测系统的应用与思考[J]. 环境监测管理与技术，2000，12（6）：7-8.

[12] 张苒，刘京，周伟，等. 水质自动监测参数的相关性分析及在水环境监

测中的应用[J]. 中国环境监测，2015，4（31）.

[13] 宋帅. 地表水水质自动监测-预警系统研究——以产芝水库为例[D]. 中国海洋大学，2010.

[14] 刘震. 水环境自动监测与预警预报技术研究[D]. 河海大学，2008.